种树，
改变了谁？

15年的沙漠之旅

同济大学出版社
TONGJI UNIVERSITY PRESS

序一

　　当我开始阅读《种树，改变了谁？》这本书时，中国的一句俗语立即在脑海中浮现："如果你想收获一片森林，第一个最佳种树时间是20年前，第二个最佳时间就是现在。"

　　十五年前，日本NPO①绿化网络、富士胶片工会和富士胶片集团为了防止荒漠化的进一步扩大，在中国北部内蒙古自治区发起了一个植树项目，这个项目得到了当地的支持并得以延续至今，通过植树造林重申对于环境保护的长期承诺。

　　看到书的标题，你可能自然会得出这样的结论：这是一本关于植树、环境保护与志愿者服务的书籍。当然这些都是它的关键词，但又不局限于此，这本书写出了不同人的故事。这群人之中有梦想家、领导者、管理者，也有普通雇员、志愿者和当地群众，来自不同国家的人们在科尔沁沙漠结缘，开始了各自的生活、工作和学习，大家就环境保护、文化冲突、社会公正、农村和人类发展等议题进行交流，思想碰撞。这群人将自己的时间、假期、工作甚至生命都奉献给了中国的植树造林事业，凭借着伟大的激情和对保护环境的坚定意志不断创造奇迹。参与这个项目的人来自不同国家、不同阶层，通过自己的双手去感受大自然，并用自己的眼睛去观察土地荒漠化对于环境的影响。

　　这本书里塑造的形象有NPO、个人、志愿者，有当地居民、政府官员，更有外资企业及其关注环保的工会，来自不同背景和国家的人们克服一切困难走到一起，大家都想尽一己之力去改变些什么，在应对内蒙古荒漠化问题的过程中见证成长，在饱受黄沙蚕食的土地上并肩作战，共筑科尔沁绿色的未来。

---

① NPO：全称为Non-Profit Organization，非营利组织。

这个叫做绿化网络的日本NPO从1997年就来到内蒙古植树造林，创始人是斋藤晴彦、北浦喜夫和大龙隆司。不同年龄，不同背景的三个男人拥有对种树最朴素的哲学理解，想要尽全力去解决内蒙古荒漠化的难题，带着这个简单的梦想和满腔激情，凭借强大的意志力和决心，他们开创出新的职业生涯，在中国"种树"这件事上成就了一番作为。对他们而言，承担这项工作不仅出于环保的因素，也是肩负培育希望的重任，土地荒漠化对人类的生存产生巨大的影响，他们希望通过努力控制荒漠化的范围，让科尔沁草原重现风吹草低见牛羊的胜景。

在过去的十五年里，绿化网络从大学、志愿团体和富士胶片这样的公司募集资金，在中国内蒙古科尔沁持续着他们的绿化工作，这个植树项目的成功给予众多同行巨大的动力，目前当地人也自发地行动起来，捐助树苗支持环保组织的工作。这片土地曾经是一片绿色，要把沙地变回它原本的样子，在开展大量的绿化工作之前，更重要的是让当地人意识到过度放牧和对耕地的过度开发是造成土地荒漠化的主要原因。绿化工作的一个主要特点是创造出一个良性环境，让当地民众能够主动地承担长期持续性的工作。这不仅仅是为了转变单一的种树模式，更是要激发起大家的整体环保意识，寻找导致土地荒漠化的根本症结所在，例如缺乏环境管理、人口大量过剩和农业生产中的不可持续性行为。

绿化网络每年安排志愿者，雇佣村民从事种植、灌溉和修剪工作，富士胶片公司提供资金，也从日本与中国的员工中招募志愿者来支援该项目，来自不同国家的参与者们都展现出深刻的企业社会责任感和对可持续性发展的承诺。这反映了富士胶片的企业理念：为进一步提高人们的生活质量而努力。

这个项目不仅让志愿者有种树的体验，更提供了一个超越国界的平台，与当地人分享对环保的感悟。这个项目让他们体验到与日常生活截然不同的工作环境和文化环境，亲眼目睹土地荒漠化的现状，从而意识到它对全球环境的影响。志愿者在国际化的团队工作，与当地农民交流，超越了国籍和语言的差异，促进中日之间的沟通与理解，这样的经验能够增强对公司与社会的责任感。

　　我自己作为一个环保事业的践行者、教育工作者，同时也是中国CSR^①的观察者，我将富士胶片推动的绿化项目看作一个示范案例，它描绘出一个长期的可持续发展计划的模型，这个模型将NPO、地方政府、普通公民这些关键利益相关者联接在一起，竭诚为发展可持续农业、环保教育以及生态重建努力，最终实现经济发展与环境保护的动态平衡。同样让我印象深刻的是这个项目在帮助人们改善生计方面做出的不懈努力。

　　我十分荣幸受到邀请为这本书写序言并提供我的浅见。在阅读的过程中我被绿化网络、富士胶片、许许多多的志愿者和当地的人们为推动这个项目做出的伟大贡献和牺牲所打动，并激发出许多新的灵感。其中对我影响最深的是我开始思考未来某一天，我应该去直接参与需要动手的项目，用我的双眼去见证变迁，或许我也可以成为一名志愿者，去到内蒙古与大龙先生面对面交谈，我又在我的愿望清单里增添了一项未完成的工作。

　　行文至此，我试着去总结绿化网络和富士胶片在内蒙古推动这个环保项目的贡献，基于企业社会责任和可持续发展的思维方式，与开篇一样，我想起了另一句中国俗语是对他们努力最好的总结："前人栽树，后人乘凉。"

北京师范大学社会发展与公共政策学院教授　华威濂

二〇一三年九月十七日

　　华威濂（William Valentino）是北京师范大学社会发展与公共政策学院教授，中国社会责任研究院副主任，清华大学国际传播研究中心客座教授。自1987年以来，他已经在中国生活和工作近三十年时间，曾任拜耳集团大中华区企业社会责任副总裁。其在可持续发展、社会企业、社会创新和企业社会责任领域是公认的专家。华教授的主要研究成果集中在企业社会责任前沿领域，主要包括负责任的领导力和商业在社会中的作用。2011年7月，他从工作了24年的拜耳中国有限公司退休。

---

① CSR：全称为Corporate Social Responsibility，企业社会责任。

序二

胶卷时代的"富士绿"曾经令摄影爱好者趋之若鹜。当时,富士胶卷在中国市场上的份额一度达到60%,在中国各大旅游景点的摄影摊位上几乎都能找到它的身影。随着数码时代的狂飙突进,"富士绿"逐渐淡出普通百姓的视野。

然而,今天手头拿到的这本书是关于另一种"富士绿",如果你将目光投射到中国北部内蒙古的科尔沁,在黄沙肆虐的环保前沿,有一抹"富士绿"在顽强生长。

富士胶片集团在中国北方沙漠的植绿义举已经延续了整整十五年。

环保、低碳、爱护地球,每一个小有社会责任感的企业都会以各种形式响应这样的倡议。

然而富士胶片选择了将员工送到人沙角力的现场,让习惯于写字楼人造小环境的白领精英们直接面对大自然的粗砺和无情,用自己的双手一寸一寸地刨沙植绿,践行环保,十五年来从未间断。

在此过程中,富士胶片不仅收获了"富士绿"的新口碑,更重要的是,收获了一批富有强烈责任意识的人心。每一个在暴晒和风沙中砥砺过的员工,带着深刻的危机意识,都会加倍地在日常工作中践行企业的社会责任。中国有句古语,"一屋不扫,何以扫天下?"在此,我们也可以说,"既扫天下,何愁不能扫一屋?"

企业践行社会责任,需要激情,更需要理性。如果要以有限的资源,可持续地惠泽大众,精密的运营组织和完善的供需循环链不可或缺。正如沙漠植树,其终极意义在于这些树苗能够一直活下去,最终枝繁叶茂!富士胶片在十五年的沙漠之旅中,已经与政府、NPO、公众志愿者、媒体等建立起了日渐完善的协作网络。作为培育企业家摇篮的国际商学院，中欧也一直在企业社会责任领域不断地追寻探索，举办了迄今已八年的"全球企业社会责任论坛"，将EMBA学员入学第一课设为"企业社会责任"，我们在激发学员们无私大爱的同时，利用自身的学术和资源优势，探讨如何借鉴商业组织的严谨高效来构建公益组织的可持续运营模式。因为，我们一直相信，涓涓细流，将最终造就成水草丰美的市民社会（Civil Society）！

是为序。

中欧国际工商学院 院长　朱晓明

二〇一三年九月十五日

朱晓明，教授级高级工程师，毕业于上海交通大学，获博士学位，享受国务院特殊津贴的专家，现任中欧国际工商学院院长、管理学教授；上海交通大学经济与管理学院兼职教授、博士生导师；上海财经大学兼职教授、博士生导师。朱晓明先生历任上海市学联副主席（第九届，1979年～1983年），上海市纺织工业局副局长，金桥出口加工区开发公司总经理、党委书记，上海市浦东新区管委会副主任；1995年～2003年任上海市人民政府副秘书长兼上海市对外经济贸易委员会主任、上海市外国投资工作委员会主任；2003年～2008年任上海市人大常委会副主任；2008年～2011年任上海市政协副主席、党组副书记。

目　录

第一章
一半是沙漠 一半是树林

绿树伸展到我窗前，仿佛是沉默的大地发出的渴望的声音。

——泰戈尔，《飞鸟集》

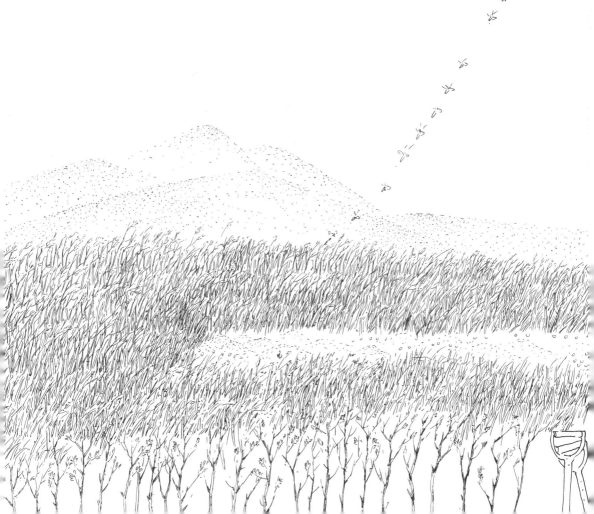

第一节　黄绿之间

"这一边是沙漠，那一边是树林。"在高高的沙丘上，迎着风，大龙隆司伸手指着脚下辽阔的土地大声说道。无边的沙漠，成群的树林，远处一个个迎风飞舞的白色风车，世界在这里显得令人不可思议。也许十多年前从日本来到这片邻国的土地开始种树的大龙，也未曾想到，在这蓝天之下，在这一眼望不到尽头的黄色之外，另一边也可以是生机勃勃的绿意盎然。

"当年，这里的村民要求留下一点沙漠作为开发旅游的资源，所以就划了一道边界。我们就从这条边界开始种树。"

远远望过去，沙丘上的大龙和同伴们的身影显得如此渺小，但沙地上他们走过留下的一行行脚印仍清晰可见。十多年来，这些脚印不间断地出现、消逝，只有在风的记忆里，才完整地记录着这群人一步一个脚印，有如愚公移山，一点点将内蒙古黄色的沙漠治理成绿色的林地。

曾经肆虐的风，常常携着沙尘暴突如其来。"那时候，想吃点什么，不能开窗。起完风以后，屋里面沙子厚厚的一层，我们的饭碗里，也时常会夹点沙子。"十多年前，韩雨的家所在的村子瓦房，离沙漠越来越近。"自从大龙他们把树种起来以后，这几年风小些了，沙子也不怎么过来了。"韩雨已经为大龙所在的"绿化网络"组织当了12年的护林员。如今，他也放一点牧，把自己的牛牵到树林中去，因为那里的杂草太多了。

在村庄与沙漠之间，一片片随风发出沙沙声的杨树林，宛如一道道护城墙，在风中摇摆着树梢，保卫着身后的庄稼、村庄以及生活在这里的人们。这些树挡住了风、留住了云、固下了沙，孕育了生命。而曾经，这里本是虫叫鸟鸣、莺飞草长的自然生态，由于气候变化、牧民牛羊的过度啃食、开垦过度、不科学开发等种种原因，逐渐荒芜，最后寸草不生、慢慢沙化，形成了沙漠。

雨后的松树林中，松枝上挂着晶莹的雨滴，在阳光的照耀下闪闪发光，五月份的松果还是青青的、小小的，如小婴儿般，安静地睡在松枝的怀抱里，长到七八月份的时候，松果里的松子就熟了。

"把这些松子卖了，还能给当地人带来一些经济收入。"大龙凝望着这些已经长了十多年的树，仿佛在看一群老朋友，在想那一起度过的难忘时光。这些朋友把根深深扎入土里，为这片土地带来了新的生机。而大龙也在成长，从一个未来无限可能的懵懂青年，长成了一个心灵安静、坦然面对未来的种树人。

当初，大龙和他的同事走进这片土地的时候，几乎赤手空拳、一无所有，唯一有的是耐心和决心。时间可以证明一切。他们带来了更多的种树人，从日本、中国，到马来西亚、新加坡……一批又一批的志愿者在烈日下大把流汗、大声欢笑，体验着劳作的艰辛，以及与往日完全不同的生活方式。心手相连，身体虽然累了，但心灵却受到了洗礼，继而自省自己的人生——不仅仅关于环境和地球。多年以后，有关在内蒙古沙漠的种种记忆，都成了这些种树人心底的美好回忆。

也因为曾经一起种过树，这些之前天各一方的陌生人变成了一生的挚友。也许，卸下一切外在的符号，像孩子一样，无拘无束地投入到一场集体劳作中，人与人之间有了赤诚相对的机会，而这样的机会，对于城市里戴着面具整日疲于奔波的成年人来说，实在太难得，所以格外珍惜。

成年的樟子松每到春天就抽出了新芽、长出了松果

围栏的一边是黄沙，另一边是绿树

不就是"种树"吗？看似简单的两个字，简单的劳作罢了。不过，世上最难做好的事往往就是最简单的事。如何把简单的事情持之以恒地做好，并看得到丰硕的成果，并不是每个人都能做到。

年复一年的种树与看护，迎来一批又一批如以上这般的志愿者，"绿化网络"仿佛一朵风中的蒲公英，虽然并不强大，但是充满斗志，将一颗颗绿色的种子，播撒给更多的人。

在大龙的心中，有一件事令他记忆深刻，时时鼓励着他。"我们日本总部收到过一封信，是用平假名写的，大意是：我不吃雪糕了，省下100日元，请用这钱在科尔沁买棵小树苗吧。应该是一个小学的小朋友写来的，可能是这个小朋友的父母通过电视或网络知道了我们。"

第二节　嘎达梅林的心愿

南方飞来的小鸿雁呀,不落长江不呀不起飞。

要说起义的嘎达梅林,是为了蒙古人民的土地。

北方飞来的小鸿雁呀,不落长江不呀不起飞。

要说起义的嘎达梅林,是为了蒙古人民的土地。

天上的鸿雁从南往北飞,是为了追求太阳的温暖呦。

反抗王爷的嘎达梅林,是为了蒙古人民的利益。

天上的鸿雁从北往南飞,是为了躲避北海的寒冷呦。

造反起义的嘎达梅林,是为了蒙古人民的利益。

这首广为传唱的民歌是为了歌颂民族英雄嘎达梅林而作。嘎达梅林,蒙古族,内蒙古哲里木盟(今通辽市)达尔罕旗(今科尔沁左翼中旗)塔木扎兰屯人。他的故事之所以让人动容,是因为他想要保护这片他深爱的土地,并为此付出了生命的代价。而这一切还得从很久之前说起。

从清朝末年开始,为巩固边防,中央政府开始逐渐在蒙旗开垦土地。鼓励放垦的政策在1916年被奉系军阀张作霖推向了极致。到了1928年,达尔罕旗四分之三的土地被放垦,牧场缩小,牧民被迫背井离乡,引起当地牧民的不满。时任札萨克答刺罕亲王那木济勒色楞总兵职位的嘎达梅林多次到垦务局反对开垦,被当局免职。

1929年初,"东北易帜"后不久,张学良继续开垦蒙旗土地的计划。嘎达梅林

内蒙古的一个小村落——瓦房

组织起义，领导了一支700多人的抗垦军队，提出"打倒测量局，不许抢掠民财"的口号，袭击垦务局和垦荒军，驱逐测量队。张学良则命令部下出兵围剿。1931年4月5日，抗垦队伍在今通辽北舍伯勒图附近新开河畔的红格尔敖包屯渡口，准备渡河南去时，被包围歼灭，嘎达梅林战死。

五个月后，"九一八"事变爆发，张学良的东北军撤入关内，放垦草原的计划没有得以继续实施。

嘎达梅林的起义是为了保护蒙古牧民的利益，而放垦对今天最大的危害是对环境的破坏。嘎达梅林誓死保卫的家乡——科尔沁草原，在历史上曾经是河川众多、水草丰美的地方。据记载，公元10世纪时这里的自然条件是"地沃宜耕植，水草便畜牧"。直至19世纪初，扎鲁特旗东南还留有松林。许多游牧民族在这里完成了经济发展的辉煌阶段，并为成功走进中原做好了各方面的准备工作。

而这些美丽的记忆与现实相比，显得如此梦幻和遥不可及。如今，"科尔沁草原"的部分区域已变成了"科尔沁沙地"，资料显示，科尔沁草原已经出现了4800多万亩沙地，这个沙地位居我国四大沙地之首。通辽市位于科尔沁沙地的腹部，占沙地总面积的52.7%，沙漠面积600万亩，并且每年以几十米的速度向外扩延。

科尔沁的沙化问题，在通辽瓦房生活的村民们最有感触。"我是1958年生的，小时候这里的环境还是挺好的。后来开始发展生产，瓦房农场养了很多牲口，牲口吃草都是连根拔起的，慢慢地草场就被毁了。最严重的是九几年的时候，这里寸草不生，就是白花花的大沙地！连狼都有将近二十年没看到过了。原来最恨它们，现在倒真是盼着它们回来啊！"土生土长的村民韩雨说起往事时还有些激动，现在他是绿化网络在当地的护林员。

"我记得小时候，老家是有湖的，湖水周边是草场，地貌是半沙漠半植被的那种，有一溜一溜的沙丘，一段沙丘之后又有一片绿色，并不完全是一望无际的沙漠。"生长在通辽，在富士胶片（中国）投资有限公司上海总部工作过的包斯琴，作为内蒙古的草原儿女,依然怀念那个见得到绿色的故乡,于是她也报名参加了种树项目成为志愿者,为故乡献力。

科尔沁沙化的原因是复杂的,而不可否认的是,人为因素的破坏作用是巨大的。历史上的过度垦荒、后来的过度放牧,都加剧了这片草原变荒漠的进程。另外,寒冷的冬天,村民们砍树生火,也在一定程度上使问题进一步恶化。

如今站在这片土地上,一方面遥想着历史,怀念那个孕育着文明的富饶之地;另一方面也不禁感慨,以嘎达梅林为代表的抗垦义士是多么具有先见之明。只是后人们似乎并未从义士的壮举中受到太多启发,反而陷入了过度放牧、加速草原消亡的怪圈之中。

内蒙古的通辽市是以农为主、农牧并举的经济类型区。农牧民基本靠传统的生产方式生产农牧业产品,满足日益增长的生活需要,开垦荒地、超载过牧、开采地下水灌溉农田等是初级阶段经济发展的必然。绿化网络刚到通辽的时候,到处都是荒山。牧民最喜欢的羊是这里土地沙化的"罪魁祸首"。"羊吃草时喜欢把草根吃光,这样草就不能继续生长了。但是因为羊比较好养,而且繁殖也比较快,所以越穷的人越喜欢养羊,羊养得越多,沙化就越严重,环境越差人也就越穷。这是个恶性循环。"绿化网络的大龙隆司说。

然而现实并不总是让人绝望,实际上,政府和当地人对于这个问题的看法正在慢慢改变。20世纪80年代中期,科尔沁沙化问题非常严重,风沙埋压铁路、公路、农田、房屋、村庄等现象时有发生。政府意识到问题的严重性,开始出台一系列治沙育林的措施,使得现在的情况有所好转。据有关监测资料显示,从1995年到2004年的十年间,科尔沁沙地沙化土地面积在通辽市范围内减少了1155万亩,同时现在每年增加的绿化面积都要多于沙化的面积。

政府加大了治沙的力度,这是非常好的迹象,但是现实的治沙工作今天依然进行得比较艰难。其中,"重治理轻维护"是主要的原因。

绿色，本是这里原有的主色

当地人加入到保护自己家乡的行列

身为通辽人的包斯琴对此亦深有感触。"政府其实很早就意识到了这个问题，八十年代末，我还在初中的时候，林业局的一些领导来我们村子说要植树，受到号召的村民确实也种了一些树。但是当时由于没有资金去设专门的护林工人，树一旦没人看护，就很容易被破坏，因为树苗还在很小的时候，就被牛羊吃了，或者因为没人浇水而干死。另外，沙地有流沙，一到冬天，风大的时候旁边的沙子被吹过来，树就被埋住了。"

所以在这片土地上，如何保持树的存活率比单纯种树要显得重要得多，可见育林治沙是一项异常繁重的、需要科学规划的长期任务。

幸运的是，如今这一代人，并没有忘记当年"抗垦"的使命，只是环境和人物都有了沧海桑田般的变化。在绿化网络的倡导下，每年都有一批人，怀着简单而朴素的想法，跋山涉水，来到这片土地上种树，他们试图做一些改变。

不知道嘎达梅林的心愿会不会完全实现？"平地松林八百里"的历史或许会有重现的那一天。

大龙倒是很有信心，他说他们就是想恢复这里的原貌。"这里不是撒哈拉，这里原本就是科尔沁草原。"

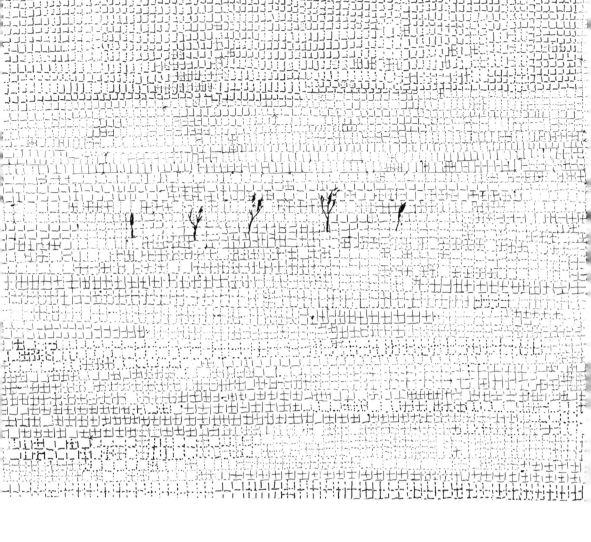

第二章

工会的决策：去内蒙种树

天苍苍，

野茫茫，

风吹草低见牛羊。

——北朝民歌，《敕勒歌》

第一节　初到内蒙古

恩格贝，在蒙语中意为吉祥，地处鄂尔多斯市库布齐沙漠腹地达拉特旗段，这里是曾经美丽的科尔沁大草原，绿草如茵，牛羊成群。动听的蒙古族民歌《美丽的草原我的家》，描述的就是草原当年的美景，可随着植被破坏，渐次沙化，不断侵蚀的风沙一度追着草原人家每年都要搬一次家。也许风沙中的恩格贝，无法料到，一个异国的企业即将与它展开联系。

1997年：Green-smile基金的诞生

1997年初春，自1993年经济泡沫崩溃后，日本的经济情况缓慢恢复。但因日本政府在1997年4月宣布消费税从3%上涨至5%，得知此消息的日本民众很快掀起了"超前消费"的风潮，"超前消费"购买的反作用最终引起了1997年日本国内消费低迷，大型银行和证券公司相继破产，导致金融环境出现不安定，亚洲通货危机更是引起了经济混乱，经济陡然陷入停滞状态。

而与此相对应，1997年的富士胶片集团在显示整体收益继续保持增长的态势下，海外的销售收入开始高于国内的销售收入，富士胶片也迎来了全球化发展的高速时期。随着数码化浪潮的冲击悄然逼近，富士胶片在印刷、医疗、相机等多个领域掀起了数码化的发展战略，从而抢占了传统胶卷企业转型的先机，最终避免了类似同行企业柯达申请破产的命运。

1997年，还是富士胶片工会成立50周年的重要年份，这一年，工会也做出加大发展力度的重要决定。在日本，任何一家大企业的工会都不可小觑。作为日本厚生劳动省设立的一个组织，长期以来，工会都坚持保护劳动者权益的立场，从接受员工劳动咨询，到与公司经营者一起制定劳动制度、就员工利益进行合议……企业工会一直发挥着重要的作用。与此同时，考虑到日本企业在全国的工会众多，很多中小企业的工会组织也常常联合在一起，组成一个联合团体，如果某家公司解决不了问题，联合组织就在整个团体中进行商议，然后联合一些政治家，为大家的权益进行呼吁。

当时富士胶片工会有9000多名员工会员，把控全局的总部设立在足柄，各个工厂都设有支部。

时值富士胶片工会成立50周年的纪念，工会很希望能跨出新的发展步伐。在过去的50年里，工会主要是为了提高员工们的薪水而努力，但由于当时的经济大环境发生了剧变，薪水很难再有大的提高，工会也开始寻找新的使命与变化。现在与过去贫困的年代不同，物资不再贫乏，虽然大家在物质上变得富裕了，但很多人失去了心灵上的富有。于是，工会开始思考下一步究竟要做什么。比如对于所在地区的贡献，仅凭一家公司还不能解决的事情，是不是可以和地区、政府合作解决，工会的职责是否要变化……

为了感谢大自然的馈赠，工会开展了以环境为主题的新活动，并设立了为这些社会贡献活动或志愿者活动提供资金援助的新基金"Green-smile基金"。此外，工会还招募会员成立了"Eco-Club"（环保俱乐部），大家会把每个月工资最后两位数的零头部分捐赠出来，虽然每个人每个月的捐赠数额不多，但这种涓涓细流汇聚成江河的方式，也让这笔资金成为基金一部分支出的来源。

富士胶片日本工会是种树活动的推动者（左：高桥早苗　右：浅房胜也）

草方格让沙漠的浮沙不再四处漂移

第0次队：出发！

回忆起当年的情境，现任富士胶片工会中央执行委员长浅房胜也感慨："Green-smile基金成立后，工会在探索新公益活动的过程中，关注到沙漠化这样一个比较严重的环境问题，并重新认识到日本是一个需要通过绿化来丰富国家的民族。那么，对于我们富士胶片来说，究竟能做些什么呢？"也正是为了回答这一共同的命题，在工会工作的杉山和冈本决定将想到的事情付诸行动，关注绿化的活动也由此展开。

当时，即使充分了解到必须进一步深入开展社会贡献和志愿者活动，将其作为今后工会活动的一部分，但是却始终没有找到具体合适的项目。此时在胜利工会的介绍下，富士胶片第一次接触到了日本沙漠绿化实践协会——这一由鸟取大学[①]名誉教授远山正瑛创立的日本第一批以沙漠绿化为己任的NPO。远山会长于1991年就设立了日本沙漠绿化实践协会，当时他已年届84岁。早年他在担任鸟取高等农林学校（现鸟取大学农业系）的教授时，曾致力于研究在鸟取沙丘上通过使用洒水车来浇灌甜瓜等沙丘的开发利用。退休后，远山前往中国，对干旱地区的绿化进行技术指导，每年都有数个月的时间在沙漠中度过。当日本沙漠绿化实践协会在中国进行植树时，他也总是手握铁锹，一马当先，一直到2004年去世前。远山正瑛可以称得上是日本人在中国"种树治沙"的第一人。

富士胶片的企业标志色是绿色，所以绿化项目本身也与其企业理念不谋而合。在工会成立50周年之际设立的基金也是以环保为主题，并被赋予了"Green-smile"的名字，就这样选择在中国进行绿化活动或许真的只是偶然。

当时，作为工会总部中央执行委员的杉山和富士宫支部书记长的冈本组成了0次队，前往库布齐沙漠，参加日本沙漠实践协会的沙漠绿化活动，实地考察了活动内容。考虑到今后行程的安全性，生活协同组织的金子茂也一同前往。

---

①鸟取大学：位于日本本州岛西部鸟取县鸟取市的一所国立大学。

"日本的周围都是海，我们从来没有见过沙漠，一开始，大家都很好奇沙漠究竟是什么样子。"从0次队起，一直负责跨国种树行程安排的富士胶片生活协同组织的金子茂部长也深有同感。"到库布齐沙漠要横渡黄河，因为桥体不稳定，队员要下车步行过河，在行进的过程中还发生了车辆陷入积水沟里无法移动，需要大家一起推车帮助脱险等状况。虽然还有一系列的琐碎麻烦事，但庆幸的是依靠大家的力量都克服了过去，最终抵达了库布齐。"

　　对于这些来自日本繁华大都市的白领来说，要到中国偏远的乡村去"体验一下"不一样的"苦日子"，就好比经历一场世界奇妙之旅。当考察队离开县城不多久，忽然看到铺天盖地的黄沙近在咫尺时，一种压迫性的震撼着实让在场的每一位日本人都说不出话来。

　　通过参与流汗、种树，增加地球的绿色，这是工会开展这个项目的初衷。虽然有人提出目的地可以选择在日本国内，但是工会仍坚持选择国外。回忆起当时的这一决定，早已从工会中央执行委员退职的杉山友一仍然一脸自豪。自从0次队考察回来以后，富士胶片日本工会专门举办了内部讨论会，讨论的焦点除了招募工作的开展、参与者的安全确保之外，更主要是当地是否能很好地开展绿化活动。富士胶片工会希望达到的目标，"不是形式主义的作秀，而是实际流汗劳动种好树。"

杉山友一带着妻子来到他曾种过树的地方

附录　杉山友一自述

　　我最早去内蒙古的时候，种树活动还是处于由日本沙漠绿化实践协会，即远山正瑛老师的机构主导的时期。当时，我参加的是一般募集。除我之外，还有生协的金子、富士宫工会支部的冈本。第一次考察一共有15个人参加，出发时间是在1997年。队伍中有些人已是多次参加了，有的甚至已经参加了3次。

　　我们坐飞机从日本来到了北京，在北京坐上了驶向包头的火车，整整坐了17个小时。途中我看到长城从窗外掠过。为打发漫长的车程，我在车厢里和同行的伙伴喝起酒来，聊了许多，最终成为了朋友。

　　到了包头，我们坐上破旧的巴士，前往目的地恩格贝。即使关着车窗，依然有灰尘不断涌入车内。一路都是泥泞，有人故意挖坑积水，车一旦陷进去就动不了，于是大家都下车去推，当地小孩就跑过来帮忙，推完了会向我们要钱。我们推车时泥水溅了一身，如果在日本的话，一般的旅游大家都不会下去推车，但是这时大家却都毫不在乎。看到这些小孩，想着原来还有这样的生活，明白了他们也是为了生活而挖的坑。先不说这是对是错，就是想到不同的人，生活环境和方式真是不一样，孩子们也是通过他们的方式在非常拼命地生存。

　　途中为了横渡黄河，我们都下了车。桥是木头的，浮在河上。巴士如果载着乘客是无法过河的。就是在横渡黄河的时候发生了事故。黄河河面很宽，但水却很少。因此河边的土质非常松软，队伍中就有一个人一时疏忽半个身体都陷进了泥里。其他队员赶紧把他拉了上来，现在想来仍然觉得一身冷汗。

　　一路磕磕碰碰，终于到了种树的地方恩格贝。在那里聆听了当时日本沙漠绿化实践协会的远山先生的演讲。远山先生真的是一位标志性的人物。尽管他已经84岁，但依然精神矍铄、充满了能量。我去的时候听了他的演讲，作为会长，他不仅介绍了中国的情况，还解释了为什么要开展这样的活动，为什么起这个机构名称。印象深刻的是，中国的"沙"字是三点水，但日本是"砂"，他们在机构名称中特意用"沙"代替了"砂"字，来表示水很少的意思，他们还把"实践"这个词放入名称中，意在重视实践。

绿化活动的基地恩格贝真的就是原生态的大自然。什么都没有，夜里真的连灯都没有，照明基本就是靠月光。人生第一次沉浸于一个洒满月光的世界，深受感动。但是上厕所却是一个问题。厕纸无法直接冲掉，必须扔到垃圾桶里，厕所的周围也是污水横流，绝对称不上卫生。作为男性尚且能够忍受，我想对于女性来说一定非常痛苦吧。洗澡的水是有限的，必须在规定的时间去洗澡，不然就无法洗了。所以满身是沙的我常常等不及就到附近的池子里洗，洗完就和当地的孩子一起玩。

站在库布齐沙漠极目所见都是沙漠。我们所做的植树活动真的能起到作用吗？怀着这样的疑问，我开始种起了一棵棵的白杨树苗，把"绿化"的愿望也一并埋入土中。也许，参加这次志愿者活动的其他队员也是怀着和我一样的心情吧。和志同道合的朋友们一起挥汗，一起排人链运水，扯着嗓子喊号子劳作。在沙漠里挖坑是对体力最大的挑战，女性队伍中有人累了，男性队伍里就有人会顶上。在阳光直晒下种树真的非常艰苦，在劳作的间隙休息时，大家相互鼓劲，队员们成为了一个有凝聚力的团体。

不只是种树让人印象深刻，在沙尘暴中吃午饭，也给我留下了难忘的回忆。记得那天吃的是咖喱，混合着沙子的咖喱依然很好吃，这也是一份特别的回忆。

我们还访问了当地的小学，孩子们都天真无邪、充满活力地玩耍着。由于物资匮乏，铅笔盒、笔记本都是非常珍贵的东西。那种对事物珍惜的心情不就是在日本的时候忘记的心情吗？在这所小学的见闻，成为了我重新审视自己生活的一个契机。

带着在日本无法体会到的珍贵记忆，和对同伴们的依依不舍，我回到了日本。

当时我的孩子在上幼儿园，还很小。结束了一周的中国之行，我回到了家中，女儿用彩色折纸做了彩条挂在那里，上面写着"爸爸辛苦了"迎接我回家。我感动、同样也非常欣慰地留下了眼泪。忽然意识到参加绿化活动的不只是我一个人，家人的支持和理解同样促成了活动的顺利进行。

从中国回来后，我在足柄工厂以及其他地区的志愿者报告会上做了关于植树活动的演讲，我记得我是这样介绍这次的活动内容和体验的："虽然不能完全将中国的沙漠变成绿色，也不能将大地的一部分变成树林，但是这个活动可以让参与者的内心充满绿色，在中国这样一个与日本截然不同的环境中，去重新审视自己的生活。"

也有人问为什么要将志愿者活动放在海外？在日本国内不行吗？关于这一点工会从安全保障、饮食、工作流程、实施时间、参加者对于志愿者活动的思想转变等，认真地进行了讨论。

这是在不同的国度，而且是严酷的沙漠环境中进行的志愿者活动。我们通过流汗种树，能够体会到这是在为地球增添绿色，对环境保护献出自己的力量，也能体验到在集体生活中为他人着想的心情、对家人的牵挂，对照当地物资贫乏的生活，自己也开始重新审视现有生活。这些感受都是在日本国内无法体会到的，我坚信这样的体验是真正能够"触及内心，并使其丰富"的，因此富士胶片日本工会做出了派出"绿色协力队"，去中国种树的最终决定。

第二节　结缘绿化网络

富士胶片日本工会宣传去中国种树的志愿者招募活动一展开，立刻引起了不少员工的热忱。起初，为了能给每个参加者留下深刻回忆，工会在旅行安排中，除了绿化活动外，在行程表中还加入了探访当地小学和长城观光的内容。费用由志愿者个人与Green-smile基金对半分摊。此外，一开始，Green-smile基金还需要为每人每年向日本沙漠绿化实践协会缴纳2万日元左右的补助金。而相应在最初的分工上，基本履行着到达目的地之前的引导由工会干事完成，到了目的地之后，所有的安排由日本沙漠绿化实践协会来负责执行的任务格局。

但随着活动的深入，树苗存活率低的问题逐步暴露了出来，以至于在富士胶片工会内部也出现了一些质疑的声音，比如，很多志愿者第二年再去时，发现之前种的树苗完全没有长大，存活率只有15%，死亡率较高；2001年，第4届志愿队的队员回来反映，恩格贝成了观光地，前一年种的树没了，土地成了公路……于是工会方面开始寻找其他在当地开展同样绿化活动的NPO,他们将目光投向了大龙所在的绿化网络，他们负责的区域存活率似乎要更高一些，而且他们有一个和当地农民合作的机制，试图与当地农民建立更深的联系。基于这些考虑，工会将大龙所在的绿化网络列为了新的合作伙伴开展活动。

"大龙他们有计划地种植适合季节、土壤特点的树木。我想他们是真的出于恢复当地环境的考虑而不断劝说农民改变想法和行动，让农民能自主地参与进来。另外在我们回国之后，大龙也一直很详细地向我们汇报所种树木的生长情况。"金子茂部长回忆说。

金子口中的"大龙"，就是后来从日本沙漠绿化实践协会独立出来、成立NPO"绿化网络"的创始人之一——大龙隆司。此外，另外两位重要的创始人——斋藤晴彦代表理事和北浦喜夫事务局长原来也都是参加"日本沙漠绿化实践协会"种树活动的成员。2000年绿化网络正式成立，并开始在科尔沁沙漠开展活动，而与之形成鲜明对比的是，恩格贝地区由于观光活动的推进，已经与绿化活动不太相称。

之后，为了探讨与绿化网络合作的新模式以及对种树活动的新看法，富士胶片提出和斋藤、北浦进行面对面的深入交流。在北浦的带领下，富士胶片工会又进一步视察了现场的情况，并决定从第五次种树活动开始变更种树地点，将植树地点从库布齐沙漠迁至科尔沁沙漠，同时和在中国当地驻守的大龙进一步加深了合作关系。

"因为切实感受到他们专注于恢复沙化土地原貌的热情，再加上已经取得的绿化成绩，我们决定选择'绿化网络'作为合作伙伴。还有一个很重要的原因，就是他们会培养当地的农民，让年轻人加入到他们的组织中来，我们每年也会深刻感受到当地人的变化，这也是我们持续选择这个组织的原因。"金子部长总结道。

与此同时，先后参加了2000年、2002年植树活动的志愿者森田纯雄也明显感到了这一变化，以至于在2004年、2007年以及之后的每一届富士胶片日本志愿者赴内蒙古的种树活动中，大家都能看见他的身影。在12年里，森田纯雄一共去内蒙种了8次树。

很难想象，森田纯雄的种树志愿者生涯竟然始于报纸上的一篇关于"北京沙尘暴"的报道。作为富士胶片绿化队中来内蒙古种树次数最多、年纪最大的日本人，他"一开始，只想去亲眼见证一下沙漠化是不是真的在发生，后来再去

绿化网络执着地看护着这片土地

就是想看看之前种的松树存活了没有"。所幸的是，在绿化网络的精心看管下，树苗都在健康地成长，森田每次到来都能看到他种的树在一年年长高。2011年新年，已65岁的森田将自己在内蒙古种树的照片做成明信片，作为新年礼物寄给亲朋好友。明信片上的两张照片，拍摄于同一个位置，左边的一张是他2002年亲手栽的松树，右边一张则是2009年松树长成后郁郁葱葱的景象。森田指着照片说："后面还新起了一片农田和玉米地，我们种的这片松树林为它们挡住了风沙。"

第三章

绿化网络：早期的艰辛

希望是长着羽毛的小鸟，栖身于灵魂故里，

它哼着没有歌词的小曲儿，永不停息。

它在狂风中歌唱着快乐，

在暴雨里领略着险恶，

猛烈的暴风雨让它品尝着不安，

而它还是感到几多温暖。

——艾米莉·狄金森，《希望是长着羽毛的小鸟》

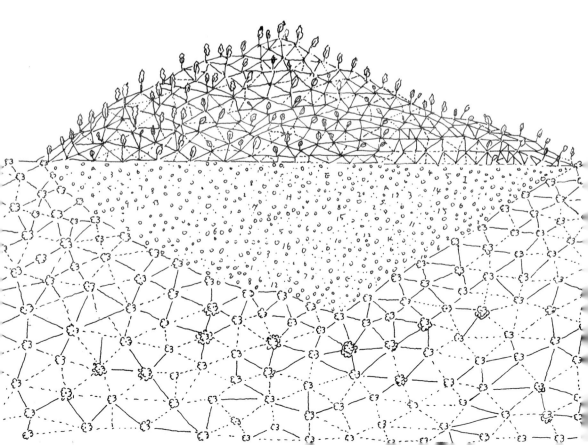

在绿化网络横滨办公室里，斋藤晴彦（左）和北浦喜夫（右）惦记着千里之外的沙漠

第一节　相识于种树的三个日本男人

如果能有幸借用一下机器猫哆啦A梦的时光机，将时间放回至15年前，就会发现一个奇妙的时刻。

生活在日本不同地方的三个寻常男子，原本互不相识，过着各自截然不同的人生。在每日忙忙碌碌的奔波中，在人潮滚滚的大街上，这三个既非亲朋好友、也非同学同事、兴许一辈子也打不上交道的陌生人，却因为有一天各自做了一个决定，从此他们的人生便产生了交集，发生了意想不到的变化。

工科男的毕业前后

1997年，22岁的大龙隆司，是日本东海大学工学部应用物理专业一名即将毕业的大学生。这位在父母、外人眼中的乖学生，和同龄人一样，开始为人生的另一个阶段做准备——跨出校园，找一份合适的工作。

生在神奈川、长在神奈川、读大学依然在神奈川的大龙依旧延续着高中时代的生活方式，与家人住在一起，只不过已不靠单车来通勤了，需要换车辗转一个小时。像其他同学那样离家在学校附近住，在大龙看来似乎也没有太大的必要，一是习惯了与家人相伴；二是能省下不少租房费用。

不过，临近毕业，一向恬淡无争、惯于安稳的大龙内心也有了些不平静，就像通常大学生一样，一方面，风华正茂的他对毕业之后的生活有那么点兴奋，觉得未来充满无限可能；另一方面，自我感觉在成绩等方面稍显平平的他，对能找到怎样的安身立命之处也有些许的焦虑。

看着身边为谋划未来而四处奔走的同学，大龙也有些疑惑——他，到底要找什么样的工作？去大公司——不知道自己会不会被录用；去经商——好像也没有太多赚钱的想法；去当公务员——似乎也不大适合自己……虽然未来还很模糊，在想不出什么好主意的情况下，大龙跟着同学投了一些公司的简历。

　　"如果让我现在去招人的话，我不会聘用当时的我，那时好像对什么都不开窍。"多年以后，大龙如此笑话当年的自己。不过，即使多年过去，已依稀冒出些许白发的大龙，其实还是老样子，年少时的单纯质朴仿佛停留在了他身上，即便岁月留痕、世事变迁，大龙的内心似乎没有改变。

　　然而，毕竟还是面临着毕业后独立的压力，大龙开始对报纸上各种招聘信息上了心。有一天，他在家中认真看报纸，一张照片一下子跳入眼帘。照片上，一群人正在种树，看上去都兴高采烈的样子。人们的开心模样吸引住了大龙，"种树，还能这么高兴？看上去应该是很有意思的事情。"大龙回忆起那张照片时，大眼睛一下子闪出光亮，好像回到了那个让他心动的时刻。那是一个名叫"日本沙漠绿化实践协会"的NPO招聘志愿者的广告。

　　什么是NPO呢？大龙从来没有听说过这个名词，当时家里还没有电脑，上网也不方便，周围的朋友好像也不大清楚，一心想搞明白的大龙跑到大学图书馆里找关于NPO的资料。看完书里的介绍，大龙大概明白了NPO的含义——"就是做那样的工作不是为了钱，经济上可能赚不了什么钱，但自己干得有意思，干的内容也是为了当地人高兴。NPO有些是搞绿化，也有的建个学校，或者是帮助做医疗卫生。"大龙回想起自己初次接触NPO时的感受，用还不是最熟练的汉语给出了自己的定义，而这引起了他当时无穷的兴趣。

　　于是，在正式工作还没有着落的时候，大龙向父母借了钱，参加了日本沙漠绿化实践协会的志愿者活动，去内蒙古种树。内蒙古，这个地名听上去陌生而遥远，大龙看着地图，依稀记起曾看过的一个新闻——日本没有沙漠，但是每到春天，风中就会夹带着从中国北方吹来的沙子，人们的生活受到了影响。"原来是这样啊，大概是这个原因日本人想到了要去中国种树吧。"大龙对将要出发的沙漠之旅充满了期待。大龙当时同样没想到的是，这次志愿者活动，竟成就了他一份工作的机会。大龙在活动中的良好表现，让协会愿意接纳他为见习员工，试用一年之后就可成为正式员工！

回国后，当他把自己的工作意向告诉家人时，大龙妈妈和奶奶怜惜地看着他，觉得这孩子之前没有任何出国留学交流的经历，一毕业就要跑到国外去工作，而且是去做一件从来没做过的事情，不免有些担心。倒是大龙的爸爸和爷爷，从男人的角度，更为理解他的选择——是时候出去闯一下了。临了，爸爸的一句"你先试试吧，不行就回来"让大龙记在了心里。

初来乍到的困惑

1997年3月，还没来得及参加大学毕业典礼，大龙就随着日本沙漠绿化实践协会来到中国内蒙古库布齐沙漠中那个叫做恩格贝的地方，做志愿者。当时，日本沙漠绿化实践协会每年都会组织四五百名日本人组成的"中国沙漠开发绿化协力队"到恩格贝种树。

日本沙漠绿化实践协会驻扎在当地的组织分成两个部门，分管栽树和农场。大龙成为协会的见习员工后，被分到了栽树队，工作内容就是栽树和接待来自日本的绿化队。

初来乍到，大龙对什么都感到好奇。在沙漠里种树，也是一门手艺活，大龙把自己看作一名学徒工，开始学习跟种树有关的一切。不过，当新鲜的热情慢慢淡却，大龙偶尔也觉得有些失落，有那么一点想念远方的家。这里的环境的确艰苦，又干又热，沙尘暴经常突袭而至，每天回来的时候总是一身沙子。因为工作中有大量的体力活，肚子很容易饿，一饿就想起家中的好吃的，但那些鱼虾海鲜啊，刚在眼前晃见，就马上像海市蜃楼一般幻灭了。

虽然，大龙也预料过治沙的辛苦，但最让他难以适应的是语言的不通、没有朋友。20多年从未离开家的人，虽然抱着对理想的向往和果敢、忍住了对家人的不舍来到了他乡，但当身旁没有一个朋友可以说心里话的时候，大龙还是感到了孤单。

其实，在日本的时候，大龙也不是一个非常爱说话的人。"在日本的话，你可以一天不说话，也能把所有的事情办好，只要排队就好了。"大龙觉得到中国以后，他说话反而比以前要多。相比日本成熟的服务水准和约定习俗，大龙到了中国，发现排队并不能解决问题，往往他排队排了半天，发现还是没有一个人来搭理他，最后他只好开口说起不流畅的中文来。

来中国之前，大龙学过两年中文。他在日本的大学要求学生学习两门外语，英语是必修的，除此之外，还要学一门第二外语。当初决定学汉语时，大龙绝对没有料到将来有一天这门外语竟是对他工作生活最有用的一门语言。作为班上唯一选修中文的学生，大龙的选择纯粹是出于对自己语言能力的中肯判断。

"理科男生学德语的比较多，因为德国的科技发达，女生更多想学点法语，因为电影好看啊，班级里就我一个学汉语。"大龙解释自己没有随大流，完全是因为自己的第一外语英语学得不怎么样。其实，初中刚开始学英语时，大龙的学习兴致还是挺高的，觉得自己居然也能说其他国家的语言了，但那会日本孩子学英语大都是应试教育，也就是哑巴英语，即使学得好也没有办法和外国人交流。就这样，大龙觉得英语越学越难，兴趣也越来越低。

想起这段学英语的"悲催经历"，大龙自然也就对与英语处在同一个拉丁语系的德语、法语、西班牙语不那么自信了——如果英语都学得不怎么样，何况其他更难学的语言！他在这些选项下面打了叉，最后只剩下两个选择——韩语和汉语。在

大龙隆司（右）总是耐心地给志愿者讲述沙化的由来

热爱植物的斋藤晴彦（右）对每一棵树都有着惜爱之情，他在介绍种树方法的时候，也将这种感情传递了出来

选课之前，每位外语老师会给选课的学生做课程演示，有5分钟的说明。大龙至今都记得那位教汉语老师的"噱头"，"这位老师的一句话一下子就把给我唬住了——你们来学中文吧，我能让你们一天内学会100个中文词语。我心想，这么厉害啊，那就去学吧，毕竟日语里面也有汉字，应该能学得会。"

由此，学理科的大龙混在了一堆文科女生里开始了学习中文的生涯。不过，他很快就发现，汉语也并非那么容易掌握，第一节课的确学会了100个词，但那只是从一数到了一百。两年的汉语学习，为大龙的中文打下了基础。不过，刚到内蒙古的时候，大龙还不怎么能用中文与当地人交流，他想，如果多说说，情况可能会好一些吧。内外的原因，都让不怎么爱说话的大龙开始努力说话，而且说的是母语之外的另一门语言。

然而，干活之外的大部分时间，大龙还是一个人在自己的房间里待着，那段时间倒让他有空看了很多的书。看书，能让他觉得内心安静。但合上书，一个一直纠结着他的问题就会冒出来，"这样种树，行不行啊？这种事情，好像初中生就可以干了，我的大学是不是白学了？"毕竟这是毕业后的第一份工作，大龙那会儿对自己的选择有些困惑，有时甚至有些后悔。

遇上心灵相通的人

1997年，对于57岁的斋藤晴彦来说，是一个普通的年份。作为土生土长的东京人，斋藤和家里人一起经营着一家小餐馆。1991年斋藤开始将卖餐馆的资金投入了房地产，过着富足而悠然自得的日子。

自1991年开始，斋藤不在家的日子多了起来。熟悉的朋友如果见不到他的身影，就会问道，"斋藤是不是又去种树了？"斋藤自从参加了"中国沙漠开发绿化协力队"的种树之旅，去中国内蒙古的恩格贝种树之后，就非常热衷于此项活动，从此就成为了绿化队的"常客"。

"原以为沙漠是没有水的，后来发现还是有不少的地下水，我感到非常意外。和现在相比，那时旅途非常艰难，车子经常陷入沙子里动不了。"就像在自家的餐馆里为顾客努力做出好吃的饭菜一样，斋藤对种树也是格外认真。如何在沙漠里种出树来，成了斋藤满脑子琢磨的事情，他看书、查资料、自己动手试着种树、向其他人请教……凡是与种树相关的知识，都会让不苟言笑的斋藤眼睛一亮。

"我就是喜欢种树，只要种树就能够感受到满足感和成就感。开始只是感动于沙地里竟然能种树，不管如何总之就是多种点，于是拼命在那边种树。后来意识到，光种树也是不行的。"斋藤回忆起早期的种树生涯，依旧能感受到那时的干劲十足，同时也感觉到了自身的不足，并开始质疑。

1997年，斋藤和北浦喜夫相遇。那一年，北浦27岁，正是踌躇满志的年龄。许多人见到北浦的第一印象，只有一个字——帅！长得高大威猛的北浦，在人群中很出挑。即便在日本，他若背上电吉他，蹬上那辆红色的脚踏车，在大街小巷中穿行的话，那副拉风的文艺青年模样，也会引来路人的频频回头。

当时，学政治学出身的北浦如果不是因为内蒙种树所引发的故事，等待他的应该是一个政客的生涯。

那时候，北浦在政党中负责政策规划和审议的工作。某一天被派去做由政党实施的和平国际公益项目的企划和执行，在调查全球范围内活跃的日本民间团体的过程中，他知道了斋藤所加入的日本沙漠绿化实践协会，并以此为契机参加并协助了该组织。从1996年起，北浦也开始了去内蒙古恩格贝种树的旅程。到1998年北浦所在的政党解散为止，北浦一共去了4趟沙漠。这4趟内蒙之旅，给北浦留下了难以忘怀的印象，他的人生因此而改变。

当北浦所在的政党解散后，绝大多数人都并入了民主党。他过去的同伴们也来询问北浦的打算——要不要一起加入民主党，还是参加当地的选举？然而，北浦却做出了令不少人大跌眼镜的选择：去种树。于是，北浦的政治生涯结束了。在北浦看

北浦喜夫总是种树队伍里最引人注目的那位

来，加入NPO意味着与安定的人生绝缘，但是他还是顺应了自己的内心，想去寻找应该做的事情和想做的事情的平衡点。所以他毫不犹豫地选择NPO之路。

之前，他在带领一个队伍去内蒙古的时候，当地接待他的组织有两个日本人，他们就是斋藤和大龙。"明明和北浦是初次相见，却觉得彼此在心灵上有相通的东西。那天晚上，我们在宿舍的门口仰望星空、谈天说地，那情景依然历历在目，就好像昨天发生的一样。"斋藤谈及当年无限念想。参加这个行程的人多的话一年要超过1200人，但是这两个素昧平生的人竟然有着相通的理念。

于是，1999年北浦正式结束了从政生涯，加入了斋藤和大龙所在的日本沙漠绿化实践协会。但是加入协会不久，北浦就感受到了协会所存在的一些问题，而这些通常在外部是看不到的。与此同时斋藤也萌生了60岁到了，要从活动中隐退的想法。于是北浦就对斋藤说："反正要退会了，为什么不一起去成立新的组织，开始我们自己理想中的活动呢？"于是，"绿化网络"诞生了！

第二节　万事开头难

【日本绿网协会与市农管局签订合作造林协议】 2000年3月30日，日本绿网协会常务理事、事务局长北浦喜夫，协会代表理事斋藤晴彦、大龙、桑岛等内蒙古自治区恩格贝沙漠志愿者协会组织成员来通辽市考察后决定，双方共同在国有瓦房牧场及孟根达坝牧场内的沙地建造阿弥陀之林、绿化队之林和孟根达坝林。造林治沙项目期限为10年，总面积约为2至3万亩，日方无偿提供80%资金。

在《内蒙古年鉴2001卷》所记录的通辽市2000年大事记上，赫然记载着上述这段文字。当年，相识于内蒙种树的三个日本人，在恩格贝碰撞出心灵的火花，彼此所激发的雄心壮志，注定将被载入史册。虽然那时，他们三人并没有十分清晰的想法：到底要种多少树？能种多少年？他们甚至并不清楚这样近乎于赤手空拳地跑去一个完全陌生的地方，等待他们的将是什么。

1999年的夏天，绿化网络进入筹备阶段。对于植树地点的选择，他们在当时中国沙漠化比较严重的两个地方之间犹豫，于是计划入秋后进行实地考察。考察的第一站就是通辽。这就是年鉴中提到的那次考察。

经人介绍，他们认识了北京林业大学的王贤教授，和他一起前去调查。王教授的学生就是当地人，在他的帮助下获得了很多便利，调查进行得非常顺利。通辽市农牧管理局也给予这次考察全面的支持，绿化网络得以调查了好几处沙地。在考察最后一天的告别会上，当时的局长说："沙漠化伴随着我长大，如今我站在城市责任者的立场，看到日本来的朋友为此所做的努力，我觉得我们必须要比你们努力2

斋藤晴彦的办公室里摆放着很多绿化书籍

倍、3倍才行。"就是这句话，让绿化网络最终决定在通辽种树，而那位局长，至今与他们都保持着家人般的亲密关系。

在同一年的内蒙古年鉴上，还记录了两件发生在通辽、与环境相关的大事。一件是通辽市遭受了50年一遇的特大旱灾，从1月到7月，全市平均降水只有50~80毫米，比常年同期减少五至七成，加上持续高温，境内43条大小河流全部干涸。不少村子的屯井水干枯，人畜饮水出现困难。草牧场受灾面积4300万亩，300万头牲畜处于饥饿半饥饿状态。气候变化所导致的极端天气正渐渐影响人们的生活。

另外一件大事是4月份，由中国记者协会发起的全国55万名新闻工作者携手建造"中国记者林"活动的首栽式，在通辽市科尔沁区河西镇梅林营子嘎查举行。"中国记者林"占地12000亩，总投资200多万元。差不多从那个时候开始，"种树治沙"这个字眼开始被媒体频频提起。

2010年，当媒体再次探访"中国记者林"的时候，发现由于当地气候持续干旱，地下水位严重下降，原有机电井全部报废，再加上资金投入不足，抚育管理跟不上等原因，致使"中国记者林"保存株数日益减少，枯死、枯梢树不断增加。实际保存面积11464万亩，保存率82%，个别地块株数保存率已不足50%。针对这个现象，科尔沁地区进行了配套打井和补植补造，确保了造林的保存率。

绿化网络的诞生

相比别人大手笔的种树投入，这三个日本人的力量似乎显得很微弱，但他们却有着非凡的意志力。既然三人已经决定了另起炉灶，他们于是就开始一门心思按着自己的想法干起来。

他们为自己的组织取名为"绿化网络"（GreenNet），意指绿化并不是以点、线的方式展开，而是要扩展到面，同时强调了要"与人建立广泛联系"的目标。绿化网络的活动目的是通过绿化行动，防止沙漠化，恢复原有植被；再进一步就是要达到原住民在意识观念上的根本变化，让他们能够自主地进行绿化。

"斋藤是做饮食店的，大龙大学里学的是物理，而我之前是从事政治的，三人都没有种树相关的专业知识。"对此，北浦说，"从好的意义上说，我们不容易被束缚住。但也正因为如此，我们要不断客观地审视自己的活动，停下来思考，返回原点反复修正。我们三人，不论经历也好、专业也好、性格也好，都不相同，但是我们内心是相通的，因而成为了伙伴，否则无论如何也不会将组织发展到今天的规模。"

对于这一点，大龙也有共识："我们的组织里没有独裁者，任何决策都是大家讨论决定的。"有感于日本传统组织中的层级制度，这三个创始人希望能创建一个能自由发表意见、开放的组织。如果有好的意见就达成一致，进行尝试，即使失败了，也是共同来承担后果。

这三个人根据各自的特长和兴趣，进行了分工。对植物非常感兴趣的斋藤就担任绿化的实际业务，又因为他是最年长的，所以还同时担任了组织的代表。曾经在政坛工作的北浦则负责对外的工作、资金的调配管理、宣传等组织运营方面的工作。能够说中文，对农村很有亲近感的大龙就长期呆在了科尔沁，负责当地的事务。

一个人都不认识

"第一次见到大龙，记得当时是场部领导和通辽市的领导陪着他们，把大龙介绍给大家，说是来做治理沙化的事情。但说心里话，我那时候不知道他们来这里到底是怎么一回事。"韩雨是库仑旗瓦房村的一位农民，如今是绿化网络的护林员。当时他所在的场部领导推荐他去为绿化网络保管买来的树苗，于是就和大龙他们认识、结缘。

事实上，韩雨的将信将疑代表了很多村民的想法，对这三位从日本来的不速之客，大伙儿很难相信他们真的是"干好事"来了，私底下认为这些日本人肯定还有其他的目的——他们来种树，肯定将来会把树砍了运回日本去，或者他们整天挖啊挖的，可能是在找石油、找黄金。"刚开始，一些人说的话挺难听的。"与斋藤、大龙一起工作的韩雨，开始细细观察起他们，并对村里人说，"这件事好不好，看看再说吧。"

但韩雨的亲眼所见，令他的内心有了些触动。那时候瓦房附近的沙漠风很大，经常会有沙尘暴。"绿化网络"为了避免在用地上与村民发生冲突，在种树的地点上选择的是完全沙化的荒山荒岭。斋藤、大龙常常顶着沙尘暴在沙漠里劳作，中午饿了，就坐在沙尘暴里吃饭，累了，就躺在沙漠里休息一会，因为从沙漠到居住地的折返，需要耗费挺长时间。

有一天风刮得很大，韩雨实在看不过去了，就把大龙拽进了自家的屋子里。大龙掏出兜里的馒头开始嚼。"你嚼这个干嘛，给你汤喝。"韩雨把自己的汤端给大龙，大龙憨憨地笑了。"就这样，我们一点点接触上了，开始唠起磕来。一开始，他说的话我听不明白，但他能听懂我的话。"差不多相处了一年时间，韩雨就和大龙熟络了起来，也越来越对这位日本小伙刮目相看，大龙的汉语也说得越来越流利，还参杂着点内蒙的口音。随着"绿化网络"种下的树苗渐渐长高，村里人也慢慢跟大龙说起话来。

"刚开始到科尔沁，一个人都不认识，这确实有点困难。第一天和通辽市的领导一起去农村的时候，我就想——第二天，我该怎么办呢？但也没办法，新到一个地方，应该是这样的。如果一个人都不去认识的话，那就往前走不了。就这样一个人一个人开始认识。"大龙说起中文来，总是不紧不慢。与刚到恩格贝那会儿不一样，起码那里已经有一个组织帮他安排好了大部分的事情，但在科尔沁，完全要靠自己去探路。

大龙和斋藤当时住在瓦房牧场的小房间里。每天早上大家喝完粥，吃完馒头，就出发去沙漠种树。大龙吃饭速度稍慢，为了不耽误大家的时间，出门前他总是默默地揣上两个馒头，带在路上吃。为了腾出更多的时间来干活，他们商量找一个当地人帮他们做饭，于是就通过场部书记找来了当地的一个女孩帮他们料理伙食。

遭遇险情

现在回想起在科尔沁种树所遭遇的最大困难，斋藤和大龙都不约而同地想起2002年夏天的遭遇。当大龙发现那年5月份日本绿化队来种下的松树全蔫了时，不禁呆住了，"这到底是怎么回事？"大龙想找出自己有哪里做得不对：这样的事情从来没有发生过，种这批树的每一个步骤也跟过去一模一样，自己团队的人也尽心地看护着这些小树。

连种了很多年树的斋藤也有些摸不着头脑，那几天，他一直嘀咕着这个问题，找资料，看笔记，再跑现场摸摸这些垂死的松树，心里真是说不出的难过。后来，大龙和斋藤决定去当地的林业局问问。里面的人听了他们的叙述后，问了一句："你们是什么时候种这批松树的？""5月10号到20号那会吧。"大龙答道。"那肯定是不行的，因为那时候松树苗正在长树梢中央的芽，差不多会长一个月时间。如果在搬运过程中，树苗受了伤，就会导致以后的存活率特别低。"林业局的技术人员解释道。

"原来是这样啊。"斋藤和大龙恍然大悟，"就像女人生完孩子需要在家休养一个月，这些树苗在长芽的时候，也需要在家静养，不能移栽。"了解清楚这些树苗没有存活的原因之后，他们总算松了口气。从那以后，他们每年的5月10号到6月底，基本上不再接待绿化队种松树。

绿化网络虽然是个不大的组织，但能吸引志愿者们每年不间断地前来参与活动，最重要的就是基于"信任"。所以，在"绿化网络"内部，有个不成文的规定：定期拍摄树苗生长照片向各个绿化队汇报。这次突如其来的树苗大批量死亡事

每一棵树都有它的生长特性，如果在错误的时间去种树只会适得其反

在种树人的悉心看护下，树苗顽强地在沙地里成长

件，对于绿化网络来说可以称得上是一次不小的危机了。在迅速将树木悉数补种之后，大龙并没有瞒天过海，而是坚定而满怀歉意地向绿化队做了如实的汇报："真对不起，你们栽的松树存活率很低，只有10%，原因是因为5月份不合适种松树，建议你们以后能够在7、8月份过来。"并最终取得了对方的谅解。

处理好树苗没种活的事情后，"绿化网络"开始做明年的计划。然而，万万没有想到，第二年5月发生了更令人措手不及的事情——非典来了，内蒙古也出现了病例。日本外务省开始通知在内蒙古的日本人赶快回国，日本亲人和同事也催促大龙回家。刚刚起步的"绿化网络"一下子受到重创——因为往年从日本来种树的绿化队不能来了，这也就意味着"绿化网络"的资金来源一下就被切断了不少。这让在日本总部负责筹款的北浦很是为难，"这样下去不行啊，如果今年过不了的话，我们组织就没有资金运转了。"

眼看疫情越发严重，大龙只好听从日本同事和家人的劝告，坐上回日本的飞机。"可是，我走了，这个地方的事情该怎么办? 当地的活动资金是我在管理，去现场工作的车也是我在开。"大龙虽然回去了，但心里一点都放不下科尔沁。

"非典那时候，我才开始工作两年，什么也不用管，大龙也什么都不跟我们说，该干活就干活，也就从2009年开始，他才慢慢和我说些事情。"张爱伟是那时唯一两个跟着大龙一起种树的当地员工之一，他也是后来才听大龙提起非典时期曾是"绿化网络"最艰难的时刻。在大龙回去的日子，张爱伟就跟往常一样去看护树苗。等到非典的疫情逐渐好转，大龙回到科尔沁的时候，他心里一下踏实多了。

"对于一个组织来说，如果管理者走了，这个组织就无法运作了，那就太有风险了，对投钱给我们的企业也难以交待。所以，我们必须要提高当地员工的人数和能力。"这次非典而引起的仓促离开，也留给大龙他们不少思考，他们决定改变管理方式和组织形式。

沙漠之旅
——一个大学教师的考察日记

王子彦

2001年7月26日星期四 晴

考察队今天出发去沙漠化严重的科尔沁。这个队的全称叫沈阳高校环保社团联合会沙漠考察队。目的主要是考察科尔沁草原的沙漠化状况，同时还兼顾宣传环境保护的知识等等。我与其他队员不同的是——我是一个教师，其他人则都是二十刚出头的年轻大学生。这个群体共13人，我和另外的由东大、辽大、沈阳大学和沈阳化工学院环保社团的12名成员。

2001年7月28日，星期六 晴

到甘旗卡住下后的偶然遭遇，使我们改变了随后要去阿尔乡的预定行程。原来就在这个宾馆里，还住着6位日本人及1名翻译，还有一位通辽市一个旅行社的姓高的总经理。头脑灵活的沈阳电视台记者万松钱弄清了他们的行踪。原来，这几位日本人是来内蒙古通辽市库仑旗的一个叫做瓦房牧场的地方来植树的。

东京有一个叫做"绿化网络"的非营利组织（NPO）。这个组织的目的是帮助中国的科尔沁地区治理沙漠。他们组织的绿化队这种形式也很有特色。所谓绿化队是从日本招募来中国旅游的人员，大约10多人一队。这些人的行程大约一个星期。先是从日本到达北京，游览3天后，再乘飞机到通辽，在他们选定的瓦房牧场栽树3天。总的思路是这些从日本来的旅游者自费旅游，同时要到科尔沁来栽树，是带有旅游性质的植树活动。我们碰到的这伙人似乎是第六个团队，不过这次的人数没凑够10人。

考察队的"领导"们经过讨论，决定在明天的上午，和日本人一起去植树，而不是

去阿尔乡的牧民家访问了。这个临时决定，使我们有机会了解和接触"绿化网络"，就从同学们的心情来说，也非常愿意去栽树。

2001年7月29日，星期日　多云

科左后旗（甘旗卡）距库仑旗的瓦房牧场大约有50公里，我们和这6名日本的旅游者加上随行的翻译一起分乘两辆汽车。一辆是印有"绿化网络"字样的吉普，另一辆是很舒适的依维柯。

"绿化网络"在通辽的负责人叫斋藤晴彦，50多岁，精练、认真。还有一个20多岁的年轻人叫大龙隆司。今天的植树任务并不多，大约只有100多棵樟子松树苗。我们13人加上6个日本人，还有两名当地的农民，用了不到两个小时就干完了。

值得提及的是日本人的工作态度和植树的科学方法。斋藤先是讲了一通植树的意义，对来自日本和中国的植树志愿者的行动加以肯定。然后是大龙为围观的这些人做了个示范，细致地讲解该如何挖坑，怎样摆放树苗，以及浇水和培土的方法。接着，他认真地观看各位的动作。大龙似乎是为了证明他的工作，或者也是为了鼓励他人树立起信心，专门带我详细地查看了去年他们栽种的已经成活的樟子松树苗。

应该肯定地讲，"绿化网络"的工作是成功的。他们事先有一个很完整而合理的计划——在沙漠上划出一个一个的长方形（每个面积为100米×330米，相当于3.3公顷），日语叫ユニット（发音为由耐淘——估计是来自于这个日本环保组织自造的用于表示联合网络之意的英语Uni-net）。每个"由耐淘"中打一口机井，可以保障植下的树能够很方便地浇上水。他们为了使栽种的树苗不被牛羊所啃伤、以及为了恢复这里的自然植被，在为他们划定的栽种土地上竖起了围栏。两年下来，证明这种"由耐淘植树法"的效果非常明显。围栏内的草及栽种的树苗已经成了绿色，令你不敢相信这绿色下面就是沙漠。而围栏外则是一片光秃，沙地依旧。

摘自新语丝电子文库(www.xys.org)

第三节　一所种树学校

2003年那场突如其来的非典事件，差点让绿化网络"黄"了。"如果第二年再来一次非典的话，估计就真的黄了。"想起当初的窘境，大龙觉得绿化网络运气不错，在成长初期没有再次遭遇那样的险情。

"如果那时候事情黄了，我们三个中间，我最轻松，想吃饭的话，回老家就可以了，找别的事情做。北浦的话，已经有两个孩子了，肯定是不一样的，要考虑一家人明天怎么吃饭。我和北浦相差五岁，所面临的生活压力，在那个时候是不一样的。"那个时期的大龙，还是一个单身汉，抱着随遇而安的心态，在科尔沁沙漠种着树。

险情过后，除了种树治沙，绿化网络也开始关注起其他的问题，比如，要不要培养当地的员工，教会他们更多的技能？当初非典的时候，大龙一回日本，留下来的中国员工只能对着每天用于出行沙漠的越野车干瞪眼。这些车子都是绿化网络接受赞助得来。于是，从2004年开始，绿化网络出钱让本地员工张爱伟学开车、考驾照。2005年，当张爱伟终于拿到崭新驾照的时候，心里着实高兴了一阵，在他同龄朋友中，这算得上是一件值得羡慕的事情。

每当寒冷、漫长的冬天来临，绿化网络就没法外出种树，只能呆在室内进行当年总结和来年规划，或者进行培训。张爱伟在那时开始学习一些基础日语对话，以便等到日本客人来种树的时候，他就能尝试着和他们进行简单的交流。

拉近感情

从恩格贝转战到科尔沁，细心观察的大龙发现了两个地方的差别。以前恩格贝的种树地方，紧挨着一个经济开发区，住着不少外来打工者，这些人更在乎工作和赚钱，对当地环境并不在意，因为自己迟早有一天会离开。而在科尔沁，住着的大多是土生土长的当地人，看到自己家的后面，沙子一天天多起来，他们多少会有些担心。

"当地人对自己老家总是有着很亲近的感情。"这给大龙开展工作、拉近与乡亲们的距离奠定了一定基础。这时候的大龙，已经不再担心开口说中文了，他虚心向每一个身边的人请教中文。为了融入到当地人中间，本来不怎么喝酒的大龙，也开始和当地人一样一边喝酒，一边唠嗑。渐渐的，他说的中文开始夹杂着东北方言，并带着蒙古语的口音。

当看到曾经的荒山野岭上长出一片小树林的时候，村里有些人对这个日本小伙子带领的队伍有些刮目相看了。"以前种树，我们就挖个坑，浇点水就好了，也没人在荒山岭上种过。但他们不一样，他们就想把树给栽活，打井、浇水，不管以什么样的代价，他们都一定要把树管好。为什么他们种树的存活率高呢？就是因为他们精心管理——三天浇一次水、有专门的人管理，来种树的客人也特别认真，比我们种地还要认真。如果做事都那样的话，没有做不成的事情。"已经为绿化网络工作12年的韩雨，在当地人心目中比较有威信。

在韩雨的带领下，几个村民也加入了日常种树维护的队伍，刚开始的时候，每个人一天15块钱，到2012年的时候，已经涨到一天100块钱，但仍比其他单位低，毕竟不是每天都在工作。"这个工钱算是挺少的，如果要是干其他的活，一天也能挣到120~150块钱，但这么多年我还是愿意在绿化网络干。"一个跟着韩雨干了11年的村民，觉得为绿化网络干活挺好，唯一的不足就是工钱少了些。

种树之外

"以前在恩格贝的时候，只考虑种树，当时认为，只要有地方就去种树，种得越多越好。"大龙刚来科尔沁沙漠的时候，并不清楚到底要种多少树，只是模糊地

种树让贫瘠的沙地恢复成了庄稼地

感觉也许跟恩格贝那里一样，种的树越多越好吧，但等他和他的组织一天天在科尔沁沙漠附近的村庄安扎下来以后，他的想法发生了改变。"为什么要种树呢？"他回到了最初的一个问题——"对于一些组织来说，种树就是目的，但对于我们来说，种树是一个办法。应该种树的地方应该种树，如果需要砍掉的话，也应该砍掉，我们的想法是恢复当地的地貌，这里并不是撒哈拉，这里原本是科尔沁草原。同时，也要让当地的老百姓找到能够持续的生存之道。"

但是，现实往往充满矛盾。大龙他们一边在种树，而村民们的牛羊却一边冲进这些地方，吃掉里面的小树苗。"如何控制当地人的过度开垦和放牧呢？"大龙觉得这是种树之外亟需解决的问题。因为土地是有限的，所以首先要想办法提升土地的生产率，种植防风林是能够帮助提升生产率的一种手段。于是，大龙他们都会精心选址，在合适的地方种上易于生长的杨树，并且每年进行剪枝，让杨树更快地往上生长，而长成的成片杨树就会形成一道防风林，保护土地更好地生长庄稼。

然而，杨树越长得快，吸收的水分越多。"我们担心遇到干旱的年份，杨树缺水会有问题，所以，种杨树的地方，也会在旁边种植长得慢、吸水也少的松树。"大龙解释道，根据当地林业局的规定，杨树过了20多年就可以砍伐，但需要补栽相应数量的杨树。相比杨树，松树的寿命要长得多，可以达到几十年上百年。根据这两种树的生长特性，大龙他们在种植的时候就考虑了长远的规划。当松树还小的时候，长得快的杨树充当防风林保护松树；当杨树被砍掉的时候，松树已经长高，又可以保护下面固土的杂草，植被之间相互依存。

除了种植防风林，大龙认为另外一个办法就是说服当地人控制家畜。当地祖祖辈辈习惯放牧的人，依旧保持着放牧牛羊的生存方式。但是，过度的放牧，让土地变成了沙漠。牛羊们需要走越来越远的路，才能找到食物。曾经的草原，现在的沙漠，依然会时不时地出现一群羊，只不过，它们已经很难在这里吃到鲜美的青草，只能在沙漠上留下一堆脚印。

"看到村民们养山羊，我就会很着急，因为山羊会把草根啃光，这样土地就容易沙化。而绵羊不会，所以我们常常会建议大家养绵羊。但是绵羊一年只能生一次小羊，而山羊能生两次，所以岁数大的人还是喜欢养山羊，比较穷的人也希望养山羊赚钱，但养山羊越多的地方，环境就被破坏得越严重，就变得更穷，这是个恶性循环。"大龙和他的组织花了很多时间，来和当地人交流，想让他们明白其中的道理。

眼看辛辛苦苦种下的树苗不时受到牛羊的侵袭，大龙他们决定在每片树林外围装上围栏，虽然装围栏又要花上不少材料和人工，而且还得经常去维护围栏。"在这些围栏里面，草长出来了，等到树大了以后，再开放也是可以的，但现在不行。一个地方要有规划，否则，即使树和草长出来了，但还是没有解决沙化的根本原因，表面看上去解决问题了，但如果管理不好，还是会回到原来的老样子。"大龙说道。

一所学校

"这些松树还不满四岁，三四岁之前，是最需要看护的，因为它们的根还没有完全长好，还没有学会自己在地下抓水，所以，我们要定期帮它们浇水。四岁之后，就可以'毕业'了，基本上就可以放手了。不过就好比每个孩子的体格是不一样的，有些可以自己跑，有些还是要多照顾些，还要看当地的天气情况是不是太旱了。如果剪枝的话，松树就能长得更快。"走在一片低矮的松树林中，大龙轻轻地抚摸着松枝，他的神情像一位专注的园丁，也像一位老师。

如今，曾经困扰大龙的问题——一个大学毕业生去种树，是不是值得？——已经尘埃落定，大龙融入了自己的角色。心定之后，就会专注于自己所做的事情，他会考虑得更深入。如何让这些远道而来的日本志愿者在短短几天内获得最大的收获？是种更多的树吗？如果是这样的话，那还不如让这些人把旅行花费捐出来，交给当地人去种，肯定能种得更多。

绿化网络让斯日古楞、张爱伟、秋宝得到了不同于当地同龄人的成长

显然，种树的数量只反映了一部分结果，更重要的是实地体验以及种树之后的影响。如果能让志愿者除了体验种树的艰辛和快乐之外，还能感受到更多，比如对当地环境的认识、对自己的生活反思以及对环境问题的思考。之后，这些志愿者带着自己的亲身体验，就像一个个从一所种树学校毕业出来的"环保大使"样，可以把环保的种子播散给更多的人群。那么，如果通过改进活动内容而取得这样的结果，是不是更有意思呢？

　　大龙与斋藤、北浦一起商量着如何逐步改进绿化队的活动内容。每当一支绿化队过来种树之前，绿化网络总是会准备两套计划——天气好怎么干，天气不好怎么干。天气好的话，那就安排体验种树的各个环节——打草方格、种树、浇水、剪枝。中间休息的时候，就会聚在一起聊聊绿化的目的、沙化的原因等话题，或是干脆听韩雨这样的村民讲讲当地的环境变迁。天气不好的话，那就安排大家在室内做一个相关主题的工作坊，分成不同的小组来讨论。

　　虽然在旱区下雨的情况不是很多，但如果真碰到下雨，绿化队的志愿者没法下地干活，可以在室内的工作坊开会开得热火朝天，大家对如何治理环境、世界所面对的挑战、技术创新与环境问题等话题展开讨论，迸发出自己的热情和智慧。北浦、大龙一边听着，一边也觉得有些建议真的很有见地，值得借鉴。而志愿者们也会通过这个难得的讨论环境问题的机会，将自己的生活与环境问题关联起来。

　　"我们会问大家——为什么会产生沙化的问题呢？跟你们自己有没有关系呢？你们吃牛肉吗？穿羊绒衣服吗？这些在经济上都是有关联的。"大龙的一连串发问，让听者顿时觉得这个世界是相互依存的，谁都有责任看护好自己的家园。

第四章

坚定的背后

我何其幸运，因为我也不是植物学家，我至今都不太明了光合作用的原理，只是会近乎固执地钟情于那最简单的绿，坚信再小的林子里也会有可爱的精灵。

——辛波斯卡，《我们何其幸运》

第一节　传递个人正能量

跟随绿化网络的斋藤、大龙他们从恩格贝转战科尔沁沙漠的绿化队中，就有富士胶片公司的绿化队。不少队员都是来自富士胶片在日本各个分支机构的工会会员。为了恢复若干年前科尔沁地区草木茂盛的景象，原本素不相识的志愿者们做出了"草根阶层"的努力。

为什么一个小小的种树项目，会牵动这么多日本友人的心？倘若不是为了企业所谓的"社会责任"，诸如富士胶片日本工会这样的组织又为何会坚持15年不懈怠、不放弃？对于NPO或志愿者本身来说，他们自费来中国的沙漠开展种树，究竟又是出于怎样的动机？

时至今日，时间已经给了人们最好的答案。这些小小的种苗，正如很多志愿者珍藏的那些照片所展现的那样，已经长成了参天大树，不仅抵御了沙漠的风沙，也改变了许多人的内心——拯救自然环境的同时，也给予自己和他人以美好生活的希望。

志愿者的"心态改变"

继0次队的考察之后，从1998年第一次队开始，每一届富士胶片由日本员工组成的绿化协力队都会为内蒙古的沙漠增添一抹"绿"的风景线。

"第一届活动去的是内蒙古恩格贝（库布齐沙漠）。因为我是第一次到中国，所以看到的一切都觉得很新奇。当时是乘坐夜间卧铺火车去目的地，要到还没什么外国人的内陆城市包头中转、再乘坐大巴抵达恩格贝。一路上，我所看到的风景以及在当地的各种体验，对我来说都非常新鲜。"1998年，第一届绿化协力队领队三泽博一这样回忆道。

最初很多来到内蒙古的日本志愿者谈及种树项目的第一印象，无外乎都是所见的新鲜以及自然环境的巨大反差给个人所带来的震撼。

尽管他们最初并不知道这里曾是"风吹草低见牛羊"的美丽大草原，但漫无边际的黄沙仍时刻提醒着每个人，在大自然面前人类的渺小，那种一眼望不到边的绝望也让人对大自然的无情本能地感到畏惧。而在这样恶劣的自然环境下，"人"的生存状态也格外引人关注。"活动中，大家会不由自主地想了解沙漠的成因，在得知人类只有联合在一起，行动起来，才能阻挡沙漠化的步步紧逼之后，每个人都会充满斗志。"富士胶片的绿化志愿者伊藤智这样说。正因如此，在随后的种树环节，几乎每个人都铆足了劲。

伊藤智是富士胶片日本工会的中央书记长，在第13次绿化协力队中担任日方领队。在他看来，种树"不是为了别人在做，而是为了自己，也为了人类大家园"。正因如此，伊藤智在经历2011年日本大地震以及核泄漏等一系列天灾人祸时，并没有悲天悯人，反而不断反思"活着是否一定要破坏些什么"、"过分追求过于便利的生活，以至过度开发资源，导致沙漠化或福岛核能泄露等问题，这些是否可以避免"……伊藤说，倘若没去种树，这样的追问或许不会发生，但如今，他对于"活着"的意义有了新的理解。

中国人和日本人，尽管语言、生活习惯不尽相同，但同属于亚洲文化的民族差异并不大。"每当想起当地那些小孩们热乎乎的小手和发红的脸颊，我心里就有一种很温暖的感觉。本来很担心当地人会不会认为这个活动只是外国人自说自话、自我满足的种树活动，但我看到他们那么朴实的样子，我就觉得他们不会想得这么复杂，应该能够感受我们真正想通过活动传达的意思，就是不能把宝贵的大自然短视地仅看作生产粮食的地方，而是必须有远见地加以保护。"2005年第8届绿化协力队

异国的沙漠给了日本志愿者们不同的感悟（左：河岛靖典　中：伊藤智　右：金子茂）

左上：铃木洋平
右上：儿玉修
左下：西冈由起宪
右下：三泽博一

的武隈领队曾这样表述自己的想法。"他们为了生活而砍伐树木的心情可以理解，但是应该有两全其美的方法，在保护大自然的同时，也能让当地人过上富足的生活。我衷心祝愿能够如此。"

到中国内蒙古沙漠种树的工会活动开展十几年来，富士胶片的日本志愿者已快接近100名。在他们之中，多数人如连续8次来种树的森田纯雄一般，带着朴素的想法来到中国，却带着震撼的心灵和劳作后的满足回到日本。由此，他们的生活也发生了或多或少、或大或小的改变。

同样的改变也发生在总务部河岛靖典统括经理的身上。"在完成1020棵树的栽种任务后，我们再面对无边的沙漠时，深深感到了生命力的顽强。"这次植树活动甚至还促成了河岛所带的队伍中两位队员许下了终身相守的契约。队伍中有些队员还用瓶子装上沙漠的沙子，带回到日本送给孩子。"在日本，'砂'是石字旁的，但到中国以后才发现，'沙'字是有'水'的，原来水对生命是那么重要。"

在紧张忙碌的日本社会，繁重的工作压力、严密的社会组织架构让人际关系逐渐冷漠。很多人努力活着，但很少去思考活着的意义和使命。在河岛看来，种树的活动改变了许多队员对于生命、对于个体的想法。

很多人回国后，开始有了一些行为的改变。将父母从老人看护院中重新接回家中护理；垃圾分类也变成了自觉主动的份内事；很多人还积极组织或参加社区中的环保活动，甚至通过介绍自己切身经历，向大家呼吁环保的重要性，不断打消周围人对花钱去中国种树的种种质疑……

"去中国种树之前，我一直认为，志愿者就是帮助有困难的人。但回来后，我意识到这其实是在帮助我们自己，帮我们实现内心的回归。沙漠很大，我们每个人都很渺小，只有找到越来越多的伙伴加盟、共同努力，才能实现沙漠变绿洲的梦想，真正改善我们生活的环境。所以，能将树持续地种下去，很重要。"河岛的一番话，说出了绝大部分志愿者的心声。

从"个人体验"到"集体经验"

日本人历来擅长通过总结个人感受,通过分享进而将其升华为一种集体经验。这种传递正能量的传统也体现在内蒙古种树项目中。每到种树活动接近尾声,绿化网络和工会都会安排大家集中在一起,畅谈个人的心得体会。此时,在艰苦环境下辛苦劳作的志愿者们,除了纷纷表达"治沙"的决心以外,很多人对于种树活动的意义也发表了不同的看法。

譬如:人事部的儿玉修,与许多日本人一样,尽管去过香港,但他对中国的了解却还停留在若干年前。从北京到沈阳,再一路辗转到库布齐,他对中国的认识也在不断发生着变化。"中国的内陆地区很像过去日本的农村。"他回忆道,"2002年,与我们同行的还有沈阳大学的10名学生,他们当时拿着我们的一次成像相机,给当地的小孩拍照。看着胶片慢慢显出影像,那些小孩子格外吃惊,都争抢着让大学生们拍照片。"看着孩子们红扑扑的小脸,看着当地人日出而作、日落而息的生活,终年在城市奔忙于工作的儿玉修忽然对于"幸福"二字有了不一样的理解:是否唯有物质的极大丰富才叫作"幸福"?

而随着每一届讨论的深入,越来越多的志愿者心态都发生了细微的改变,不少人对于种树项目的可持续性也提出了自己的看法。譬如,CSR推进部的西冈由起宪就曾提出:沙漠化的不断恶化,起源于牧民的过度放牧,在治沙的同时,如何教导人们对自己破坏大自然的行为负责?此外,种树应有"种过与否"与"擅长与否"的区别,志愿者活动本身只能起到一个协作与交流的作用,相比绿化网络大费周章地组织日本人来种树,不如教育当地人自力更生,不要一味地追求眼前利益……

然而,如何才能改变人们"且顾眼下"的固有观念?冰冻三尺非一日之寒。越来越多的志愿者意识到,唯有将种树项目一如既往地延续下去,用实际的成效来说服当地人,这是大家目前所可以做到的,比什么都强。如今,这样的想法已成为多数"资深"志愿者的共识。

满是绿意的富士胶片神奈川足柄工厂，该工厂是富士胶片在日本的工厂之一，位于日本神奈川县西部的南足柄市

在绿色厂区内进行的接力长跑是一项持续了六十多年的经典工会活动

传递情绪的能量

种树活动中，人是主体，志愿者的多样性让活动充满着多元的色彩。若以年龄层次来划分，年长的志愿者来这里，更多地是出于一份牵挂与责任，兢兢业业、认认真真地去看护自己多年的"成果"，就如同守护自己的子女和家园；中年的志愿者往往在公司中承担着中流砥柱的角色，他们通过种树这面镜子，由沙漠反观现实，对幸福的定义以及过分追求方便、享乐的商业实践提出质疑，继而转化为一种发自内心的变革行动力；年轻人则通常单纯地将公益作为自己丰富生活的方式、一种自我体验，与大自然进行近距离接触、对话。

无论是带着哪一种初衷前来，在经历过汗水与劳作之后，大家或多或少有属于自己的解答，也有意外的感动时刻。河岛靖典展示了一张珍藏的照片，那是大家在齐心协力种完1020棵松树后，欢欣鼓舞地用树和草摆出了"1020"的造型留念，照片将那时的激动、兴奋做了定格，这是一种不常有的体验，于是他特别收藏着。

其实，每一位志愿者都有自己记忆深刻的瞬间，譬如，原本担心完不成任务的铃木洋平，最终通过"改造流程"的方式提升了种树的效率；原本担心言语不通的三泽博一，也以一曲"北国之春"一下拉近了中方队员之间的距离，出发前的各种不安心情一下换为与大家同吃同劳作的亲近。

有人说，情绪也是有传染力的。种树过程中，情绪通过人与人之间的眼神、微笑、言语、号子，甚至是劳动的声响节奏在群体间进行传播，进而一些正面的"个体情绪"经群体认同后上升为一种"群体情绪"，于是正面的能量在情绪感染中得到了传递。这或许就是日本志愿者们一批一批接踵而来进行跨国种树的内心驱动力量吧。

附录　森田纯雄自述

1999年，当我得知工会要组织会员去内蒙古种树的消息后，我第一时间报了名，但很遗憾，未被选上。

2000年的时候，我再次报名并入选了。我们从日本飞到北京，再坐火车夜车到包头，然后再换当地交通车，花了14个小时到了恩格贝。在那里我第一次植树，种了白杨，还在树上挂了名字。2001年我没去，但去的人说我们种的白杨全都没了，被放在路边，因为当地要建道路。我2002年第二次去的时候还想再去看看我们种的树，但是NPO已经换成现在的绿化网络了，种树的地点也改到了科尔沁左翼后旗的甘旗卡。

2002年的种树之行从4月29日开始，一共7天6夜。当时比较长。除去往返的时间，还有在北京观光的3天，一共在当地劳动了4天。2002年初次到甘旗卡时的印象，就像在日本昭和三十年的感觉。城镇里有些地方还没有通电，甘旗人到了北京等大城市被告知网络是这样的东西时感到非常惊奇。

2004年，我们去了同一个地方。从甘旗卡坐1小时的巴士到一个农场种树，那是个村落，在深处有沙漠。那年我没去看2002年种的树。

2007年再到中国的时候，甘旗卡忽然开始了大规模的道路施工，在日本这种事情是无法想象的。2009年左右再来，就发觉甘旗卡已经开始城市化了。

我在绿化队2007年10周年的纪念会上曾向工会干部提出了以Unit（公司单元）进行植树的想法，我觉得Unit可以作为一个留给后世的标记，证明种树是我们值得骄傲的活动。2008年，富士胶片公司拥有了自己种树的独立区域，这成了"富士胶片工会的林"，此后我们在这里种我们的松树，然后自己除草，自己来维护。下一批队员在下一年会来维护，每3年除一次草。对于第一次参加种树的人来说，也可以看到前辈的成果。

已经来中国种了8次树
的森田纯雄

最早我们种的是白杨，后来改为松树，原因在于白杨要吸收大量水分，而松树扎根很深，不怎么吸水，但是生长慢，5年以上才能看出成长。但松树会结松果，农民可以采去卖，也能成为他们的收入。有一年，树生长很快，必须拔掉几棵。NPO说，现在城里的中国人富裕了，想要在家里种树，他们觉得可以把这些需要拔掉的树卖给他们。NPO正在研究，希望可以成为未来的收入之一。

真正看到自己种的树长大的样子是在2009年，离第一次种树已经8年了。北浦指着远处一片绿地说，"这是森田你们第4次队2002年种的树。"当时看到的是，原本杂草丛生的地方已经成了一片绿地，白杨长得很快，又高又大，我当时很感动。那时是绿地，后来再去，除了绿地还看到了农民种的玉米地，种的树还在。这说明自己确实为当地农民提供了一些帮助。

早些年，我还没有退休的时候，是一个人通过富士胶片工会大阪分社报名参加种树的。在我的队友中，有来自东京本社，也有来自各地工厂的。之前工会召集的全是第一次参加的人，后来工会也开始将那些想参加的老队员也加进去，其中我就碰到了曾经一起去恩格贝的同事。

我是2008年退休的，虽然退休，但种树的想法没变。因为在退休前我就想好，种树是我退休后的life work。能坚持干一件事本身就很有魅力。实际上，种树已经成为我一年之中生活安排的一部分。我退休后就不是工会成员了，所以即便工会不再通知我，我就通过生协（生活协同组合）的旅行中心报名参加，电话邮件联系金子部长，然后就可以直接参加了。

我总共去内蒙古种了8次树，虽然种了多少树我没有仔细计算过，但用了多少钱我还记得。除了第一次有工会提供一半的费用支持，其余7次我都是自己掏钱，如果以每次20万日元的平均数来算，7次共计140万日元，人民币差不多11万多元。我自己退休后的零用钱基本都用在种树上了，这也算是一个比较奢侈的个人爱好吧。

2010年，绿化网络邀请了4个甘旗卡的护林员到日本。50岁的两人，年轻的一位，还有一位30多岁。他们从关西机场进入，去了大阪的大学，参加了种树研讨会并且发了言。第二天在京都观光，我带他们看了日本的皇宫，里面有一棵几百年的大松树，他们很感兴趣。也许是想着有朝一日自己种的树也能长这么大吧。

种树后，我的生活和工作没有什么变化。说夸张点，也许让我开始对环境问题有了一些想法。小事情，比如垃圾、牛奶盒，以前是扔掉的，如今我常常对妻子说要回收。也许是受环保的影响，也许不是，很难说。

我现在退休后一周三天在一家公司工作，在那里修理照相机。由于中国进口了很多日本相机，所以公司的老板也在考虑将来能在中国拓展业务，但是这次的中日关系，觉得可能为时尚早。其实我也没什么爱好，现在是3天工作、2天学习，学习市场营销，以及部分和商业有关的课程，也就是所谓"终生学习"吧，不是说要成为专家，而就是学习，参加一个课程，可以拿到学分。人老了，脑子会开始迟钝，今年我67岁，为了减缓老化而学习。此外，4年前开始我每周会到京都的NHK文化中心学中文。现在和我来往最多的中国人是我的中文老师。老师是沈阳人，来日本十多年了，住在奈良，我们每周都在京都见面。

到中国种树的想法，我始终觉得很好。作为团体，为中国沙漠绿化做贡献，我觉得工会做得很好，超越了国境，意义深远。

富士胶片在东京六本木的日本总部大厅

第二节　集体的坚定是一个过程

　　当回忆起富士胶片日本工会当初考虑开展沙漠绿化项目所存在的问题时，工会中央执行委员长浅房胜也坦言，作为第一次在海外开展的社会公益活动，就候选地、活动内容、工会经费等内容，工会确实做了相当多的讨论。从组织层面来看，当时工会的决策兼顾了多方因素，最终将活动地点定在了中国，主要有四个方面的原因：

　　首先，环境问题需要用全球性视野来思考，跨国活动也能给员工带来全球化的参与感；

　　其次，中国离日本不算远，从项目的执行和操作来看，可以节省一定的时间和经费；

　　第三，中国的治安较好，可以安心地开展活动，不用太多担心安全问题；

　　第四，还有一个原因，在于有日本媒体报道中国沙漠的沙尘可能会通过云和雨带到日本，进而给环境造成负担……

　　基于上述种种考虑，日本工会最终决定选择在中国内蒙古进行沙漠绿化项目。

　　尽管是一项很有意义的公益活动，但从一开始在公司内部，对于工会每年花这么多钱"仅仅只是去中国的沙漠种树"的质疑之声就未曾消停。特别是看到工会每年的报名须知上要求员工自付一半的旅费，并且还要利用难得的夏休时间时，许多人更是难以理解。

　　面对这些质疑，工会方面并没有停止项目的实施，反而通过不断的沟通去一一化解大家的种种揣测。

　　"原本工会的主要职能，就是要跟员工进行交流，唯有把问题暴露出来，我们才知道员工的真实想法，才有可能去改进工作。"相比很多企业以强硬姿态来推行某些项目，富士胶片日本工会的态度显得更加人性化。

为此，工会制定了一系列旨在加深员工对种树项目了解、激发大家兴趣和主动参与热情的沟通工作。包括：

在公司内网上刊登每次活动的报告、参与者的体会；

在工会每年例行的3期宣传内刊上，特设一期内蒙古种树的活动专题；

在每期活动结束时，由工会出面，专门组织参加活动的员工交流感受；在新年度的招募活动之前，以及正式出发之前，还会分别邀请曾经参加过的队员进行项目介绍、种树的基本知识普及以及注意事项的嘱咐；

每一期种树项目，工会都会尽量安排一名专职的工会人员作为领队，一方面工会人员有相对丰富的组织经验且善于调动气氛；另一方面也让工会成员自身能更好地了解种树项目，让相关工作能保持传承；

工会也将活动情况与富士胶片集团的CSR、PR部门进行积极联动，所以种树活动也逐渐成为富士胶片可持续发展报告中的亮点内容之一。

时至今日，尽管富士胶片在东京总部办公室的员工平均年龄在40岁左右，但在一线的工厂和生产基地，年轻人还是占据了积极主动参与公益活动的主体。这样的人员架构也意味着，工会需要以更亲切、活跃、年轻人愿意接受的沟通方式来与他们展开互动。

铃木洋平是富士胶片日本工会驻神奈川支部足柄工厂的书记长，一个性格外向，身材壮实的年轻人。看上去有点大大咧咧的他，在担任第14次领队之前，就早早收集好了各位队员的信息，还专门做了一本"花名册"，将来自各地的队员照片和个人信息收录其中，便于活动时大家尽快认识。铃木甚至在出发前还专门组织了一次队员见面会Party来"暖场"，在解除队员们种种疑问、顾虑的同时，也快速地把大家融合在了一起……

富士胶片足柄工厂有着完善的环保措施

类似的主动沟通还有很多，而诸如铃木等一批30岁左右的活跃工会成员，也使得工会活动显得更具活力。

经过多方努力，工会一方面在每年报名参加的员工中，尽可能优化老中青志愿者的年龄比例及男女性别结构，另一方面在活动结束后，也会主动征求大家对于活动改进的建议。浅房委员长介绍说，从目前来看，工会从参加者那儿获得内蒙古种树项目"有意义"的评价越来越多，大家纷纷认为，这是一项"很好的员工体验"，给自己带来了收获与改变。跨国绿化活动开阔了员工的视野，也促使大家更关注世界性问题，这也很符合富士胶片公司作为全球化公司的定位，因为当今是"环境"、"工作"都需要以全球化视野来思考的时代，对于工作在全球市场不断成长的富士胶片集团的员工来说，这一点有着非常重要的意义。

如今，尽管质疑的声音并不可能完全消失，但几乎每个志愿者都表示，"将种树活动继续下去"本身的意义就很重大，唯有"坚持不懈地做"才能传达大家"坚守"的心愿。

第三节　"我的角色就是机制保障者"

高桥早苗女士自2005年9月专职接手富士胶片日本工会的内蒙古种树项目，作为副中央执行委员长，她负责了跨国种树活动的具体执行，直至2012年9月卸任。早在接手之前，她与NPO"绿化网络"的联系不算紧密，而她的加入，直接推动了种树活动的又一改变。

在高桥眼中，如何将"想参加的人"和"已参加的人"有机地结合在一起，是种树项目实现传承的重要一环。为此，早在十几年前，她就开始了对报名者信息进行纸质存档的工作。这份名录随着种树活动的推进，每年都在增加，15年来已经向库布齐沙漠派出58名、向科尔沁沙漠派遣了122名日本志愿者，总人次已接近200人。

在此前提下，同一项活动，如何能做到每年的改变与创新？这也是高桥一直思考的问题。

从旅行转变成纯粹的种树

"种树活动能否持续下去，很重要的一点就在于能否真正让参加者享受这个过程。所以我们不断地改变，努力留下好的东西，把不太好的方面进行改善。很多时候，主导者的意愿，对活动内容有着重要影响。"时至今日，高桥已在项目的安排上积累了丰富的经验，在退休前也担当着项目主导者与沟通者的角色。

"当时，我们把自己的新想法与NPO绿化网络沟通后，他们就当地接待的工作进行了改进。"在高桥看来，这是对工会和NPO双方进一步合作改善的重新思考，

高桥早苗和她在工会的同事们

之前绿化网络不假思索地将当地行程完全交给旅行社来安排，而从2005年起，他们则开始专注于活动内容的精耕细作。

由于多次参加种树活动，对于高桥来说，她不单纯只是一个普通的志愿者，更重要的是承担着评估活动价值以及收集意见反馈的任务。在她看来，同 个活动，要继续做下去，就要不断做出改变，保留好的东西，同时做出每年不同的特色，这才是关键。比如在队员的年龄、性别上不断优化，以吸引更多的人来参加；再比如在内容上不断调整，去粗取精，留下最核心的环节……

总结来说，高桥所说的内容变化，很多情况下指的都是细节上的改变。

首先改变的是时间。

"过去的活动一般都安排在5月黄金周，我第一次是作为参加者去的，当时觉得这个活动为什么这么奇怪，明明是去种树的，结果活动后旅行社会带大家去购物，就像个旅行团，于是我投诉了。"高桥觉得，她并不是要否定之前的成绩，只是认为阶段不同，公益活动也应体现出变化。因此2005年，工会破例根据参加者愿望重新安排了行程需求，将以前8天的时间稍微缩短一点，去掉与大家一门心思来种树的初衷不符的观光购物环节，将活动重点完全集中在"种树"本身。

2008年，工会又采纳了高桥的建议，将种树项目从原来五月的黄金周调整为夏休时节。"之前的几届，由于时间原因，面临着参加者越来越少的问题，所以我们进行了调整，把时间改到夏天放长假的时候，并从8天缩减到6天，这样大家更容易接受，因为如果夏休时间全都用掉，会影响家庭，调整后大家还能余下3天左右的时间陪陪家人。同时，我们还减轻了个人的负担，参加费减到6.98万日元。"

当然，这次调整不仅体现了志愿者的意愿，也尊重了当地植物的生长规律。"选择到夏季种树，树木的存活率会更高一些。"原来，内蒙古气候寒冷，每年的4~5月，树苗尚在大棚中培植，特别是松树苗正在长新茬，若此时移植到沙地，存活率很低，而调整到7~8月份，天气转热、生长稳定，存活率则大大提升。看来，几乎每一项看似不起眼的"小调整"，其背后都蕴藏着各方的建议和更为科学、人性的用心。这种"细节"管理的精髓，始终贯穿在富士胶片种树的15年之中。

经过这次调整，活动报名人数一下从上一年的6人增加到20多人，种树项目在日本"遇冷"的局面也因此被打破。

"这个活动不但要自己花时间，还要花钱，所以一定要有吸引大家的特质，一定要让大家知道来中国不是为了购物和观光，而是为了加深了解中国的文化和现状。"至此，曾经的"旅行团"终于成为了纯粹的种树团。

做好复杂的计算题

财务制度的保障与完善也是工会管理者最为关键的内容之一。

原来，每名队员需要自己负担10万日元左右的活动费用，对于第一次参加活动的员工，工会每人会再补贴15万日元，所以8天的花费约为每人25万日元。我们把时间调整之后，每个人的个人支出大约在6.98万日元，同时工会还人性化地负担了大家在日本国内的交通费，再加上付给NPO的种树费用，平均下来，目前一个日本志愿者去中国种一次树的总费用大约是20万日元。"

高桥解释说，倘若报名的人非常多，那么我们优先选第一次去的人；倘若没招满，我们会把曾经去过的人也考虑进来，但所有费用得自己负担。"之前人数一度越来越少，是因为与"五一"黄金周冲突，时间长，费用还很贵。后来改到夏休时节，人数一下子就多了起来，从6人左右增长到20人。"

15年来，为了使种树项目在资金投入上可持续，工会每年在这个项目上的费用也要精心计算。作为项目的执行者，高桥当着我们的面如数家珍算起账来。"项目经费来源于两部分：Green-smile基金（工会的基金）出一部分，工会出一部分。Green-smile基金成立于工会50周年的时候，最初只有1亿日元，以后每年都会产生一些运营收入，利息部分工会就作为包括沙漠绿化活动在内的社会公益活动的全部

重视集体的参与感是日本传统的企业文化

经费使用。另一部分则来自环保俱乐部，即'百元未满俱乐部'，俱乐部成员自愿将每月工资未满百元的零头部分捐入俱乐部。目前工会6000多名会员中，有20%的比例即1200人已加入俱乐部。"

除了支持种树项目，在工会的管理下，Green-smile基金的运营收入还用于工会活动的方方面面，包括日常的社区清扫、3·11日本大地震的灾后复兴、倡导乳腺健康的粉红丝带活动。此外，25年来，工会每年还会组织员工向当年被投掷原子弹的长崎、广岛的原爆医院捐赠款物。凡此种种，每一笔花销高桥都记得清清楚楚。

从活动时间的调整，到行程内容的改变，进而到每一笔支出的明细，小小的种树活动牵一发而动全身，它的背后竟然凝聚了这么多复杂的"计算题"——如何在有限的时间和成本下，实现活动价值的最大化，进而最终获得人心的"可持续"，高桥的努力可见一斑。

改变是永恒的关键词

"我从2005年开始，正式成为工会的专职人员。2007年，我作为第10次队的工会工作人员第一次参加了内蒙古的种树项目。2010年之后的每年都去，共4次了，和其他老成员一样，后面3次我也是自费参加。"作为工会的主要管理者，高桥慢慢地也融入了种树项目，种树也成为她每年工作中最为重要和核心的内容，"不知为什么，到了季节就会想着要去种树了……"种树似乎已成为高桥生活的一部分，让她难以抽离。

在高桥的记忆中，种树项目曾经遇到过两次危机，一次是在2003年中国爆发全国性的非典疫情（SARS）时，"2003年SARS发生后，公司在4月宣布'暂停出国'，随后又宣布'禁止出国'。当时，工会已经开始征集5月份的参加者，但听从公司的指示后，我们决定延期举行。可是，后来虽然SARS过去了，计划种树的时间（黄金周）也已经结束，不得已之下，工会采用候补方案，派遣了2名队员参加了NPO绿化网络在9月的种树活动，也就是第6次队。这两位队员是当时足柄工厂的工会书记和小田原工厂的男性员工，他们都强烈地表示'无论如何都希望参加'，正因为他们的坚持，我们的项目才没有中断。"

第二次的危机发生在2005年，由于中日关系出现了一度的紧张，尽管当时工会志愿者征集工作已经圆满结束，但是富士胶片日本公司却通知高桥取消赴华种树计划。从保护员工人身安全的角度考虑，工会又一次决定遵守公司的方针，将第8次队的派遣从5月延期到7月，又一次争取了活动的持续进行。

在几次参与活动获得直接现场体验的过程中，高桥也悟出了另一个非常根本的道理，那就是，跨国活动要想真正有所收获，唯有融入当地。

譬如，过去一天的劳作中，志愿者的午饭是需要回宾馆吃的，尽管回到镇里可以让队员在途中休息，但后来很多人反映这样做既浪费了时间，也缺少和NPO绿化网络及当地农民的深度交流，并没有真正融入到当地生活中。于是，从2008年第11届活动开始，午饭就改成带干粮在劳动地点解决，交流时间明显增多，虽然伙食和宾馆比差了很多，但队员的活动感受满意度却大大提升。

此外，高桥还会邀请当地农民代表、NPO绿化网络的大龙等人，以及富士胶片中国公司的志愿者与工会组织一起交流活动心得。"其中，邀请农民交流还有一个目的，就是向农民传递我们的心意。毕竟种下去的树需要有人去日常维护，浇水养护的人就是当地农民，如果和农民熟悉的话，农民也就能更好地善待这些树。"原来，简单的行为背后还隐藏着这样朴实的情感深意。

"中国的发展很快。"高桥以自己的亲身经历来印证，"2012年与2007年相比，风景完全不同了。5年后的沈阳和甘旗卡之间有了高速公路，以前要花5小时才能到的地方，现在只要3小时。但这也让我们担心，我们种的树是不是还可能会遇到为了

富士胶片日本工会志愿者招募宣传

修公路而被拔掉的情况。为此我们也把顾虑与NPO进行了沟通。"尽管面临卸任，但高桥仍然坚持提出自己的意见，为种树项目保驾护航，因为新的阶段会碰到新问题，那么就要摸索新的方法。

高桥带着日本女性所特有的微笑，一字一顿的表示："可能在不远的将来，我们的使命可以结束，当地的农民能够自立、不需要我们支援了，那时我们还会再次改变。"

直至2012年高桥即将卸任之际，俨然是种树项目日方工会"管家"的她却表示：需要感谢的人有很多，抛开志愿者本身，她对行程管理组织者——富士胶片生活协同组织的金子茂部长尤为感激。

在高桥眼中，金子部长永远带着谦和的微笑和一丝不苟的细心。作为15来种树项目的见证者和富士胶片公司差旅事务的管理者，金子部长是那种小到一把中方队员赠送的扇子都会珍藏如新的人。在安排行程时，他常常连望远镜按男女性别不同要准备蓝色和粉色这样的细节也不会遗漏。正是出于他在行程安排上的细致周到，才使得日本的志愿者在条件艰苦的内蒙古降低了很多"意外"发生的可能性。

2012年是高桥的本命年，虽然她已年满60岁，是两个小孙子的奶奶，但她梳两个小辫像个年轻姑娘的样子让很多队员记忆深刻，她永远是队伍中当之无愧的"美女"。尽管岁月在她的脸上并没有留下太多痕迹，但2012年第15届的夏季种树组织活动后，11月底她就会离开工会的岗位。高桥说，在退休前，她想提出一个新的话题，就是希望种树活动的终点是在当地的农民自己开始种树，将沙漠化环境改善后，能种植经济作物取得收益的时刻。届时，富士胶片的日本工会就会带着日方志愿者离开那个地方，到一个新的原点。而工会的下一个目标，就是去世界上其他国家或地区去帮助更需要帮助的地方。

　　"我觉得工会15年前的这个决定做得太好了。在这个过程中，有很多次都似乎不得不快要放弃了，比如SARS和中日关系的危机。其实放弃是很容易的，但是前辈们还是很努力地尽量改变策略，坚持把接力棒传递下来，对此我是非常感谢的，正是因为有他们的努力项目才能持续。如今，富士胶片中国公司的加入，让我们在中国也有了朋友，这是种树活动赐给我的东西，对我来说特别珍贵。"

　　"社会贡献确实应该在全世界范围内展开。就像浅房委员长所说，志愿者活动最终并不是为了别人做什么，最终还是发现为了自己，从而让自己能得到很多东西。"而这样的目标也与"Green-smile"成立之初的3个宗旨相呼应：1. 依照自己的意志开展活动，用自己的力量创造理想的社会；2. 认识到自己是社会的一份子，努力加强与地域社会的融合；3. 开拓视野，积极进取，怀抱体谅之心，奉献辛勤劳动。

　　高桥说，退休后，她不会选择在家颐养天年，只要自己还能动得了，就希望更多地能和人接触，和社会接触。"退休后我还会像森田先生一样，自费去内蒙古参加植树活动。除此之外，包括其他的社会活动，我也会很积极地参与其中。如果谁告诉我，我还能在哪里发挥作用，我就会自己出钱带着便当赶去帮忙！"

　　这就是将自己一生最美妙的44年时光交予富士胶片这一家公司，习惯了忙碌和操持，永远不愿停下干练脚步的职业女性——高桥早苗。

第五章

新力量：富士中围

好比一盏金黄的向日葵，我是一个光明的追求者；
又如一羽扑灯的小青虫，对于暗夜永不说出妥协。

——纪弦，《光明的追求者》

第一节　中国本土的决定

2005年的一天，富士胶片（中国）投资有限公司副总裁徐瑞馥匆匆吃过午饭，准备下午见来自总部的工会主席。开会交谈间她才得知，原来富士胶片日本工会一直在内蒙古的沙漠地区进行绿化植树的活动。这让她立刻想到："为什么不一起参加呢？日本总部离得那么远，还千里迢迢地跑到中国来种树。而我们就在中国，好像没什么理由不加入。"

于是2006年又逢工会派员来植树的时候，徐瑞馥让她的直接下属公共关系室室长史咏华先去看看到底是怎样的一个活动。而这一看，后来就让富士胶片（中国）的公益册上，多了一个叫"富士胶片沙漠绿化行动"的CSR活动项目，而且做得风生水起。

开启种树之旅

这项由日本总部工会发起的活动，是否真需要中国当地的员工一起参加，徐瑞馥觉得还有必要听听当时的总裁前田保知，这位日本上司的意见。于是她来到前田总裁的办公室，向其请示："日本工会在中国内蒙古种树的活动听上去不错，我们是不是可以一起参加？"前田说："这个活动是来旅游的，还是种树的？"听到这话，徐瑞馥想，到底是种树，还是旅游？只有了解了实际情况，才会有真正的发言权。她说服前田，不妨派一个人先去考察看看。于是，在当年的"五一"七天长假的时候，史咏华作为富士胶片（中国）的第一个志愿者，只身踏上了内蒙种树的旅程，去与日本工会的种树队伍会合。

作为生在城里长在城里的上海姑娘，真正面朝土地的田间劳作对史咏华而言，大多是书本里接触的字句。第一次去内蒙种树，现实的情况还是给史咏华留下了极其深刻的印象，如果用简短的文字形容，就是——"艰苦"。当时，由于到目的地的高速公路还在修建，一路要经过数个小时各种道路的颠簸，才能到达偏僻的甘旗卡镇，住的地方相对于上海而言也就是二星半的小旅馆。第二天从宿地出发去种树，要坐一个多小时的大巴和拖拉机，完成上午的劳动后，由于种树地附近没有比较干净的吃饭地方，又得坐车回到镇上吃饭，然后再回去种树。整一天里，大概有4-5个小时是在路上颠簸。即便这样，"每天的工作量依然还挺大，大家顶着日头在那里锄草、刨坑、种树、浇水，就这样种了一星期的树后，我手上都起了茧子。"

"第一次去的时候，我是站在旁观者的角度去观察、体验——这到底是一个怎样的工会活动？负责组织的绿化网络这几位日本人他们在中国到底是在做什么？对于这个本应是纯日本团中掺杂的一个中国人，也许当时绿化网络的人也是怀着同样的目光，彼此之间有一种陌生感、有一点点戒备，互相在揣摩、了解对方在想些什么、要干些什么。"史咏华回忆道。但是这种陌生与戒备，很快就被劳动中的合作、茶饭后的交流所消融。

从内蒙古回来后，史咏华向徐瑞馥汇报了自己的所见所闻，"他们真的是在种树，不是来旅游的，着实是卖力地种了7天树、修了7天地球。"听完史咏华亲身经历的汇报，徐瑞馥牢牢记住了这个有意义的活动，能为自己所在的国家环境尽一份自己的环保力量，相对于这些千里迢迢过来的日本人，中国人更应该去做。

于是，2007年，在获得了时任新总裁横田孝二的许可之后，富士胶片（中国）投资有限公司以企业CSR活动的方式，发起一支由中方员工组成的志愿者队伍，与日方志愿者在内蒙古汇合，为治理沙漠并肩作战。而这个活动，一直坚定地持续到了今天。

对于这个项目，横田孝二也表示了坚定的支持："我们这项活动不是只做一两年，而是希望能够持续十年、二十年、三十年，甚至是一百年，这是一个值得长期

让地球拥有更多的绿色也是横田孝二的心愿

富士胶片已不是人们记忆中只生产胶片的企业，产品横跨影像、医疗、印刷等多个领域

持续下去的活动。通过我们的努力，能让中国的绿化面积一点一点增加，这将是我非常期待看到的景象。"

品牌压力

　　一项由日本工会发起的跨国绿化活动，最终能汇聚到来自中国本土的巨大力量，除了活动本身的环保特质之外，还有着来自中国企业生存环境的改良动力。

　　2001年到2005年间，尚成立不久、根基还未打牢的富士胶片在中国的日子不算特别好过，偶尔会被媒体"负面"一下。2005年底、2006年初，富士胶片在中国又被卷入到一宗"胶卷走私"的风波中。当时有媒体报道富士胶片的代理商在中国违规从事胶卷生产，并在产品进口过程中存在偷逃关税行为。一时间富士胶片也被连带着推向舆论的风口浪尖。尽管后来事情水落石出，海关调查证明代理商不存在偷逃关税行为，产品进口审批程序也完全合法，但是富士胶片原本在中国还不够非常强大的品牌形象一时间被打入谷底，当时外部舆论形势非常不好。"并不是我们做了违法的事，可能是我们在与媒体、消费者沟通层面做的工作还不够，以至于公司没有足够的品牌力量来抗击这些外部的打击。"回忆起当年的往事，徐瑞馥言语间还留存着些许淡淡的委屈。

　　那段时间，徐瑞馥和史咏华每天都如坐针毡。徐瑞馥作为富士胶片（中国）的第一名中方员工，自从2001年加入以来，公司筹建和初期发展的诸多忙碌，让她好像日子一天都没有安稳过。而史咏华2004年加入进来从事公共关系工作，更像是临危受命。两个人都想不通，为什么一家老实本分的企业会背负上这样莫须有的恶名。而她们对自己企业的认识根本就不是这样，公司有着悠久的历史，有着引以为豪的先进技术，重视产品的研发和销售，也在世界500强榜上有名……但外界对公司的认知似乎与此有着极大的反差。这样下去，公司将以何在中国市场立足，哪位员工会愿意待在这样的公司？相反，当时竞争对手柯达却在"女神"叶莺的光环下无比闪耀，成为跨国公司在华经营的典范。

苦苦思索下，两人都意识到，公司的品牌形象需要强化。富士胶片刚进入中国时，和绝大多数刚起步的企业一样，更侧重于产品的销售和宣传，没有过多考虑企业层面的品牌宣传，富士胶片到底是一家怎样的公司，大众的理解认知还非常有限。公司在成立时，并没有设品牌宣传相关的职能部门，所以跟媒体的接触也显得有限。经过几次品牌危机事件之后，之前不怎么接触媒体的徐瑞馥，主动走出去和媒体进行交流，一些朋友给出的建议也很中肯：企业不单是认真做好每一件事就够了，而且还需要让大家知道这些事。这叫做企业信息的"公开化"、"透明化"。只有这样，外界才能够正确地了解你、理解你，进而误解的报道也不会凭空产生。那时，徐瑞馥和史咏华已经把在华重建、强化富士胶片品牌的任务默默放在心上了。

　　富士胶片之所以会产生重产品轻品牌的现象，跟日本企业的文化也有一定的渊源。以前，日本人经营企业普遍更关注产品的品质和技术，在他们看来只要产品过硬，不愁得不到社会的认可，大有中国俗语"酒好不怕巷子深"的意思，毕竟日本国土面积有限，即便靠人际传播，依然可以拥有良好的口碑。所以相对于美国企业，日本企业对品牌宣传没那么热衷。只要把自己的产品实实在在地做好，是否需要对外宣传并不重要，难怪徐瑞馥加入富士胶片几年了都不知道日本工会在中国的沙漠还有一项这么有意义的活动。

　　当2006年史咏华作为富士胶片（中国）的先遣部队完成内蒙古植树的探路工作后，随着2007年、2008年更多中方员工的加入，内蒙古种树的积极效应得到了更深度挖掘和在华传播后，徐瑞馥发现，自己的团队一直在寻求的正面品牌传播，在这个员工植树活动上就已经体现出来，且不带任何功利地水到渠成。这份意外的惊喜也让她自己产生了参与的冲动：也许我也应该排出工作时间去看看！于是，2009年，徐瑞馥亲自率领的中方志愿队，向内蒙古出发！

第二节 榜样的力量

一个优秀团队的凝成，通常需要有一位灵魂型的人物。如果说日方团队里，大家都喜爱的工会原副委员长高桥早苗是一位精神核心的话，那么中方团队里，徐瑞馥则是另一位精神核心。在远离城市的荒漠，这两位散发着母性光辉的大姐，带给大家的除了安心，还有那份奉献不求回报的榜样力量。

亲和的大领导

2009年，徐瑞馥报名参加志愿队前往内蒙古种树。初见成员名单时，有些不熟悉徐瑞馥的年轻志愿者有了点小担忧，和大领导一起参加活动，那岂不是要时刻战战兢兢？但是在那年的植树中，徐瑞馥只严肃了一次。

在甘旗卡种树的第一天，徐瑞馥通知中方全员，早上提前十分钟集合。在酒店一楼大厅集合站拢后，看到徐瑞馥一脸严肃的样子，大家有点摸不着头脑，咋了？原来在员工从各地出发汇合到内蒙古的路途中，公司风险管理委员会升级了正值爆发的禽流感风险预警等级。作为委员会管理成员的徐总将这一消息告诉了全员，并提醒大家，如果有任何的不适，请一定要及时通知她。原来，那一脸严肃，是出门在外对自己员工健康念挂在心的深深担忧。

在随后的活动中，那些担心自己可能会不自在的员工发现，徐总种树不像电视上看到的领导那样，象征性地锹一把土、看一看就走了，而是像一个年轻的战士一样，和大家一起并肩战斗。她不要任何特殊照顾，反倒还特别关心同行的员工，主

中方的工会主席徐瑞馥
多次全程活跃在种树
的队伍中

动担当了部分中日志愿者间的语言翻译工作。于是，大家吃饭时很愿意跟徐总坐一桌，劳动间隙时也和她谈笑风生。

而这一切，都被善于观察的绿化网络的北浦看在眼里。在徐总参加了三次绿化活动后，北浦感言："徐总一看就是个很好相处的人，因为其他公司的员工在老板面前会很拘束，但是在徐总面前，员工们表现得都很自然。"

接触过富士胶片（中国）这位女管家的人都知道，徐瑞馥温和而亲切，她虽然为人低调、不强势，但是凭借她独特的个人魅力和精神感召，照样带着员工们把公司大家庭打理得井井有条。在员工眼中，徐总更像大姐。史咏华这么说她的老板：每天早晨来上班，如果一眼能看到徐总坐在办公室里，她就会顿时有种心安的感觉。这种员工对领导的心安与依赖，来自于日常徐总对员工工作的细心指导、对员工生活的热心关怀。一次部门聚会，有一位小伙子高兴多喝了一点酒，徐总不放心，亲自送他回家。可是在离开时，她还是不放心这位一个人独住的小伙子，担心情况不妙，又把他送到医院醒酒打针，一直折腾到夜里两三点。然而第二天一早，她还是像平常一样，提前一个多小时就到办公室上班了。

熟悉徐瑞馥的人对她的评价是——温婉、谦和的外表下蕴藏着女性最吸引人的坚韧与坚定。也许这是多年海内外职场磨砺的结果。她自己则说，在多年前她还没有修炼到这个程度，甚至有一年公司年会，员工评出了公司脾气最可怕的人，徐瑞馥竟然榜上有名。这是怎样的一个过程？一个人的前后脾性反差会这么大？这还得从头说起。

外面的世界

1979年3月15日，在上海的《文汇报》上出现了一个"瑞士雷达表"的广告。这在当时还是一个新鲜事，是"文化大革命"之后第一幅外商来华广告。在随后的几年，外资嗅到了中国改革开放的味道，开始纷纷来华试水。中国的商业环境已经在悄然改变。

1985年的上海，发生了几件事。第一家五星级豪华宾馆静安希尔顿饭店在工商管理局登记注册，上海市引进国外技术设备、利用外国贷款建造的地铁一号线第一座地铁车站动工，沪港合作建造的上海第一幢涉外商务办公楼联谊大厦在黄浦区落成。这座大厦在正式使用之前，预出租率已经超过七成，三菱商事、丸红、通用电气、IBM、惠普、王安电脑、DEC、花旗银行、ABB、三洋电机、新鸿基等众多世界知名企业提出了租用申请，由于要求入驻大厦的外企太多，不少排队登记了一年后才得以租到。

就在这一年，20多岁的女孩徐瑞馥内心也时常闪烁着年轻的悸动。在国营企业工作了一段时间的她，开始有了到外面闯一闯的念头——放弃"铁饭碗"，去一个可能没有任何保障的合资公司。这个念头在那个年代，绝对是"非主流"。当徐瑞馥向单位领导提出辞职时，领导还专门为这事从上海跑到北京她父母那里。徐瑞馥的母亲很反对女儿的这个想法，"你离开就什么保障都没有了。合同一年一签，第二年如果没工作了，谁养活你啊？""没关系，我来养活！"好在爸爸站在她这一边。于是徐瑞馥也没考虑太多就辞职了。"现在回想起来，年轻时的我是个做事不顾后果的人。"她说。

徐瑞馥进入到了一家中日合资的企业，那时她第一次接触到日本的文化。她一句日语也听不懂，看别人开会叽里咕噜地说着话，但完全不知内容是什么。后来，徐瑞馥被公司送去日本学习了一个月。初出国门的她，见到了外面的世界。这再次激发了她的好奇心。后来她决定将工作辞掉，专心到日本去学习。

1991年，徐瑞馥到日本留学，这一待就是六年半。这一路半工半学，她一个人在外体会着留学生读书的艰辛，也承受着思家念子的苦楚。从庆应大学毕业之后，她进入了日本的一家银行工作。很偶然，银行在中国上海的分行急需人手，于是徐瑞馥

水桶传到自己手中时，无论多满多沉，也要继续传下去

又回到了上海，成为这家银行信贷部的主管，并深得行长的信任。而就在一切都很顺利、很安定的时候，来自日本的同学的一个电话，又让她稳定的生活起了变化。也许她骨子里一直向往的就是有挑战性的工作。

2001年，富士胶片公司计划在中国设立投资性公司（即控股公司），从日本总部派了一位总经理来上海，其他人手都计划上海招聘。这位日本总经理毕竟人生地不熟，急需一位中国助手。但日本总部又对这位中国"第一员工"的人选考虑非常慎重。这时，徐瑞馥在日本留学时的一个同学毕业之后就在日本富士胶片工作，就推荐她作为中国公司的新员工，帮助日本老板准备公司的筹建业务。

时值2001年中国加入WTO。与80年代外资初涉水相比，这段时间可谓是跨国公司在华发展的黄金时期。而后来的事实也证明了这点。徐瑞馥身在银行工作，主管信贷部门，对于这种风向自然也是敏锐地捕捉到了。这是一个变化的时代，去做一份全新的工作，对于她来说，太有吸引力了，"所以我当时也没多考虑如果失败了会怎样？这个公司会不会开了几天就关门了？我会不会失业等等的问题，就又一次大着胆子去尝试了。"

十余年的历练

当时富士胶片在中国还是一片空白，徐瑞馥开始了在上海创办公司的历程。在一个小办公室里，她完成了招兵买马、为公司搭建管理及销售架构的工作。期间，她碰到过各种奇奇怪怪的问题，不少问题已经超出了她专业、阅历、经验的范畴。随着公司业务的逐渐推进，各种产品的销售逐渐打开，她开始面对一个更为头疼的问题：与媒体沟通。做销售和财务的员工不会去面对这些事情，总经理是日本人也没法直接与媒体沟通，只有徐瑞馥来出面。没有任何的媒体经验和媒体接触经历，起初她有一些焦虑。当公司品牌遇到媒体负面危机而受到重创，公司业务受到影响的时候，徐瑞馥晚上睡觉也不安稳了。"有时候睡觉做梦都会哭。我先生就推我起来，问我怎么了。"

她现在回想，这种焦虑的情绪伴随了自己好几年。因为压力大，在公司也经常发脾气。也就是在那个时候，她被员工们评为脾气最可怕的人。除了工作压力，那几年她在生活上也要面对一些新的挑战，儿子还小，教育要操心，生活上也有压力。

后来徐瑞馥觉得自己这种状态肯定不行，就开始努力调整。她去参加各种培训，自己也看书。她从书中学到，作为公司的领导，并不是凡事要亲力亲为，要善于发挥员工的力量，给员工打造一个能做好事情的平台。于是她开始尝试，从自己什么都管，变到发挥大家的积极作用自己少管。这个蜕变过程的初期，对一向认真负责的徐瑞馥而言，注定是痛苦的。用她自己的话来总结，自己在富士胶片的第一个三年，是慌乱、焦虑的；第二个三年，是和员工一起学习成长；而现在更多是把事情交给别人去处理，自己提供背后协调和支援。对于"种树"，亦是如此，当确认了这是一件值得做的事情之后，徐瑞馥就放心地把事情交给了公共关系部门的年轻人去执行，任她们自由发挥，自己把握好方向和效果就行。

也就是在这样一个长期磨练的过程中，徐瑞馥慢慢调整了自己的状态，成为了现在的样子。在外人看来，她已经很"淡定自若、处变不惊"了。所以今天认识她的人，已经很难想象她曾经的状态。

徐瑞馥是个很好学的人，这是她对自己的评价，熟悉她的人也这样认为。随着公司业务不断与其他分支机构进行整合，公司的内部沟通工作日益增多。当富士胶片（中国）被日本总部赋予在华企业的管理总部职能之后，徐瑞馥又开始在复旦大学管理学院进一步研修高级管理者课程，不断汲取更新的养料，在学有所用指导公司实际业务的同时，她身上知性、自信、涵养的气韵风采也日渐打磨出光。

一起流汗、一起休息，志愿者们在协作中结下了深厚的友谊

也许正是因为徐瑞馥自己有着这样一段经历，从一个有着满腔热血、什么事都不懂、充满焦虑的年轻姑娘，变成了一个管理几百人的稳重的跨国公司女高管。她深知勇敢探索、大胆学习的重要性，因此也很看重具有这些能力的人才。在日常的工作中，她尽心尽力地为身边的同事搭建能够施展才能、探索新事物的平台，即使在推动"种树"这样一个乍看起来平淡无奇的项目上，她也给予了下属充分的信任和空间，摸索出一条不同寻常的"种树之道"。

因此，富士胶片（中国）并没有像人们传统印象中日企的那般墨守成规，反而处处闪动着一种新鲜的活力，与这位中国管家的性格与作风不无关系。徐瑞馥虽然外表看上去很温柔，但内心却有着一种韧劲，有一种潜在的能够感染别人的能量。

团队的战斗力和凝聚力是队长詹军荣关心的事

第三节　种树队长的心路历程

2007年4月30日
来到魔鬼大沙漠

4月29日第二天，我们正式接触此行的真正目标对象——沙漠。坐着汽车驶过马路，又坐着拖拉机颠簸过乡间的小路，我们见到了——塔敏查干沙漠（蒙族语，意即：魔鬼大沙漠）。跨过绿化网络组织架设的畜牧禁区界线，我们一步步向深处探寻，树木渐少、草根渐少、沙质碱化、沙丘堆积……沙漠的感觉越来越重，越来越浓！

跋涉了大概两公里左右，我们看到了一个高达十多米的沙坡，大家都铆足了劲往上跑，哪知跑变成了走，向上走变成向下滑，等到达顶处时，个个已经气喘吁吁，瘫坐在地。接近正午的烈日炙烤再加上体力的巨大消耗，让队伍中的部分人在爬过这个大沙丘后立马出现了身体不适的症状，相继呕吐，魔鬼大沙漠把我们怔了一怔！

由于出发前就已感冒，喉咙已经失声，热燥的沙漠和吹浮的沙尘也让我一时缓不过气来。在漫漫回程中，我看着脚下被太阳射白的细沙，脑子里突然想起了三毛笔下的撒哈拉沙漠，对沙漠的恐惧感和有同伴照应的幸运感相互交织。

在整个上午沙漠地带考察的途中，NPO绿化网络的工作者耐心而细致地向我们介绍这块沙漠的基本情况。在我们所处的地区，年平均降雨量仅300-400毫升，沙漠年均以10-15米的速度向土地侵袭，周边的村民以半牧半耕的方式简单维持自己的生活。恶劣的气候和环境让这里的生存状态为我们这些习惯了城市生活的志愿者难以想象。当亲眼所见，亲身所感时，我们叹服人类与生俱来的高度适应力，我们开始由难以接受变为逐渐适应再到期待战胜。于是，当沙土装满鞋子，汗水打湿衣服，我们已经无所谓了是不是干净、是不是漂亮，在那里，能够生存就是一种幸运和幸福，特别是看着存活的树木和草种的时候。

经过中午的午饭整顿，和途中汽车中的打盹，我们开始了此行的第一项绿化活动——为树木剪枝。我们来到了绿化网络组织种植的杨树林。在这里，我们看到了他们从2000年至2002年种下的杨树，那一片郁郁葱葱的生机和被完全驯服压制住的沙土，让我们的内心由衷的替绿化网络组织升腾起一股成就感。在从2000年至2007年这短短几年间，这个绿化网络组织已经牵头进行了一万八千亩沙地的绿化种植，这是一个让我们震惊的数字。想象脚下这块被树木和杂草固化住的沙土在几年前就是我们上午看到的那块沙漠，那种要种下几棵树的迫切感袭上心头，我们要种树，还要种活树。

杨树是一种在干旱地区容易存活的树种，而且生长很快，在最初的几年，年均生长一米。所以杨树也是沙漠绿化种植的一个主要树种。为了让杨树更快更高的成长为防风林，需要剪除下部的分支，让水分和养料能更好的到达顶端。下午我们做的就是这样的工作。大家整齐地在杨树林里一字排开，互相配合为杨树修枝，当我们各自静静工作时，我听见风吹过杨树林发出的哗哗的响声，配合着我们剪枝时剪刀发出的咔嚓声，那是一种多么美妙的声响，我感觉我的心也因此纯净而透明，就像绿化网络组织的大龙他们一样，以最纯洁的心灵去跟自然对话、交往。

我们期待明天的植树！

——摘自詹军荣2007年的植树博文

志愿队员们顶着烈日在沙漠中打草方格

2006年4月，原本供职于媒体的詹军荣加入富士胶片（中国），成为公关部门的又一得力干将。她刚到公司没多久，史咏华就跟她简单交代了一下工作，匆匆在办公楼下的优衣库补给了几件T恤拖着箱子出发去内蒙古了。五一长假回后，史咏华人黑了一圈，尽管很疲惫，但言语中透露着被活动感染打动的兴奋。看着史咏华带回的大漠照片，詹军荣渐渐也产生了好奇。第二年，她作为富士胶片（中国）种树项目的中方队长，带领着来自上海、北京、广州和成都四地的志愿者，来到科尔沁开始了第一次沙漠之行。

第一次的种树活动给詹军荣留下了十分深刻的印象，这不仅来自于内蒙与上海的强烈环境气候反差，更在于她是第一次带着一个员工团队参与一个跨国性的环保志愿者活动。其间，不仅要克服自己的身体环境适应性，她考虑更多的是如何在确保绿化任务完成的同时，达成中方团队成员间的融合，以及中方团队与日方团队的文化融合。也许是年少时有过学生干部的担任经历，这让她在骨子里认为，一个团队如果没有凝聚力，将是一盘散沙，无法给每一个成员带来团体行动的情感满足和成长收获。

于是在活动组织中，詹军荣为了加速团队成员的顺利磨合，她尽可能快速发掘各位成员的特点，以一些大家可以接纳的方式，进行团队内部的分工和话题创建。而自己为了避免冷场尴尬，也一反平日工作时的文静，主动创造起一股High劲，让成员们的情感得以迅速融合，形成一支富有战斗力的快乐团队。那次活动中不少的互动交流方式，例如晚饭间唱歌、博客记录等等都被日后活动所继续沿用。于是，那一周中方成员的活动体验十分圆满，在与日方团员分手时，不少队员都快流下不舍的眼泪。

2009年，詹军荣作为中方志愿队的队长，第二次踏上了内蒙之旅。或许对于其他同事而言，沙漠种树是一项工作之外的志愿者行动，而詹军荣身为公共关系部门的成员，几乎每年一次从内蒙到上海之间的折返已经成了工作内容的一部分。尽管辗转的路途、不同的环境、劳动的辛苦也会多少让人有些小犹豫，但是工作就是工作，该再去时还是得去。

这一次，詹军荣已经感受到了持续的努力给沙漠带来的改变，还记得2007年第一次来到科尔沁面对着漫无边际的大沙漠，对于自己将付出的劳动能对这环境的改变起到多大作用，老实说，詹军荣内心并不乐观。但随着劳动的层层展开，心中开始出现另一个声音，或许事情并非那么糟，改变并非遥不可及。

"拿制作草方格来说吧，通常一下午的时间，我们能在沙漠里用干草和铁锹打上几百个草方格，约有800多平方；当我们路过其他志愿队制作的草方格时，欣喜地发现里面已经长出了一些绿苗，这说明草方格的固沙作用很明显，植物可以落根生长。或许一个队伍一下午的努力换来的成果非常有限，但如果有很多团队来到这里，就会有改变的可能。如果每个人不去做一些力所能及的事情，那么这个世界不可能有任何的改变。"

在这过程中，詹军荣感受到，去内蒙古种树不仅是一次环保劳动之旅，更是一次纯粹的心灵之旅。在这里每一个人都会卸下自己在城市里的角色装扮，放下各种世俗的追逐或纷争，回归到人类最原始质朴的劳动情感交流之中，人突然变得简单起来。所以当第二次再来，尽管少了第一次来时对沙漠的好奇，却多了一分对生命本质的真实感悟，最后留在心底的是那一份对纯净的眷恋。"人们在城市里多少会沾染一些浮灰，当你到了沙漠面对如此纯朴的自然环境时，内心就像被一场大雨涤荡过一样，变得很干净，又充满了新生的力量。"

詹军荣说，劳动中给她印象最深刻的一幕，是大家在杨树林里劳动的场景。一排排的白杨树连接起了天与地，而在这天地之间，志愿者们正专心致志地为杨树剪去多余的枝条，没有人言语，只有自然界最淳朴的声音——耳边的风吹动起树叶的沙沙声，此时剪枝的清脆咔嚓声成了最好的配乐，好似人和自然共谱的美妙一曲。"那个时候你的心顿时感觉像天一样的湛蓝"。

种树中的传水环节最让人记忆深刻

145

如果说最初的沙漠对于詹军荣来说，充满了新奇的吸引力，而当种树成为一个常规活动，年复一年地执行下去的时候，最初的新鲜感一定会消失。对于公司来说，每年都会换一批新人去当志愿者，去经受沙漠给人带来的心灵洗礼；但是对于詹军荣个人来说，如果要保持对一个活动的全情投入和持续热情，必须找到新的吸引点。于是她也就能从个人角度深刻感受日本工会担心这个活动无法持续下去的为难与尴尬。这在一定程度也印证了那句老话：做一件好事容易，能常年坚持做一件好事不容易。于是她开始去仔细观察大龙、北浦等在每年的重复劳动中的外在表现，试图从他们那里找寻一些能继续前行的信念。但是每个人的情况不同，出发点不同，故而无法直接拷贝经验。于是，2010年的活动与同事进行了分工，各自做了半程。

2011年詹军荣没有参与活动，2012年，她又回归到一个比较自然的状态，这个时候的她，对于种树这项公益活动又有了新的认识。

2012年，富士胶片在内蒙种树已经整整15年。在这一年，詹军荣和团队成员一起回顾了这个活动。从上海到内蒙到日本，将在这个活动中，所有参与者的心路历程进行了点滴的收集，真正领悟到了一个活动从最初一、两个人壮大到如今四五十人的规模，它所具有的独特魅力。詹军荣一方面很高兴，高兴于自己参与了这个有意义的进程并发挥了一点作用，另一方面也开始觉得，做公益其实不应该有心理压力，无需极力地去扩大影响，而可以通过发自内心的努力将事情做好继而水到渠成。

"2006年之前，我工作中与公益的接触点不多。当2006年开始慢慢接触时，因为工作的宣传职能性质，我总觉得公益的最终结果，让它显得多少还是带有一定的目的性。但是当真正地去深入那些持续做公益的人内心时，我发现其实对方很简单、很纯粹，或许只是自己的境界还不够。"

"我居住的小区有一位住户阿姨，每天早上都会拿着扫把出来清扫公共区域。开始的时候，小区里的老人觉得她可能有点精神问题。但是十年过去了，这人十年如一日，仍在持续着她的小区清扫活动，不计任何回报。于是我开始有点钦佩这人，猜想她一定是位内心充满善意的人，愿意为大家共同环境的改善去做一些力所能及的事。现在，我绝对不会带着异样的眼光去看她，反而觉得她很伟大。我想等我们有经济自由、时间自由的时候，如果能够坚持做一件对社会有益的事情，不图回报，就会很好。"詹军荣说。

站在亲手制作的草方格上，志愿者们欢声雀跃

第四节　交流与碰撞

2009年日本工会为了顺利推进种树活动，工会高层特意到上海，集齐绿化网络和外部意见人士，到富士胶片（中国）共同召开项目讨论会。席间谈道，如果富士胶片（中国）的员工志愿队没有在2006年加入进来，也许这个活动就面临着逐年萎缩、最后停办的命运。因为对于一个组织来说，如果活动的形式和内容一成不变地延续十年，势必会进入一个倦怠期。但是好在这个时候，富士胶片（中国）的加入给整个项目注入了一股新鲜的活力。对于富士胶片日本的人来说，他们来中国真正接触到了不同个性的中国人；对于绿化网络的人来说，他们在接触日方团队之外还开始接待中国本土的志愿者；对于富士胶片（中国）的人来说，除了种树看沙漠还能与来自日本总部的人直接交流，三方都会擦出一些不可预见的火花。

与NPO建立信任

"幸好第一次来的史咏华会说日语，那时候我的中文还不怎么好，所以做活动的时候，大家交流得都很好。我们之前也有些担心——应该怎么接待这位中方志愿者呢？"大龙觉得富士胶片（中国）公司派了一位能说日语的人来参加活动，让当时的他顿觉轻松不少。

而真正的接触则是从第二年开始。詹军荣回忆说，2007年开始与绿化网络接触，对于以前只接待日本团队的绿化网络而言，一些新的问题接踵而至。首要的就是志愿者费用的问题。

那一年，当公司确定了招募选派志愿者会合日本工会去内蒙古进行沙漠绿化时，詹军荣开始给大龙打电话，商讨5月份去内蒙古种树7天的具体行程。这个时候大龙告诉她，需要为每位志愿者支付种树的费用。"怎么我们去志愿种树，出了人力，还要出钱吗？"詹军荣心里嘀咕着。志愿者要付费这一点，超出了她以前所理解的公益范畴，从小到大，所接触过的种树活动都是在植树节由学校组织的，种完就结束了。詹军荣想，这个事还得问问清楚。

大龙在电话里向她细细解释：首先，你们去种树，不是自己从苗圃里把树拿出来，这个树苗从苗圃到种树的地方，是需要人搬运的，有个运输费。这个树苗本身也是有费用的，叫做苗木费。另外，树种好了以后，还要有人来维护，需要维护费。这番话听下来，詹军荣感觉也有道理。只是因为这笔费用之前并没做进在预算方案内，所以第一反应是还得为公司省一些钱。因为中国的物价和日本的不一样，考虑到这个因素，人头费和日本也要有区别。后来，绿化网络建议，将中国志愿者的人均种树费定在300元。

内蒙古消费水平并不算高，这个费用在当年也不算小支出。去之前詹军荣还在想，能不能便宜点儿。"可是去了之后，我发现不用再便宜了，这个费用很合情合理。绿化网络付出的人工、精力，还有他们对环保的情感投入，根本没有办法用物质金钱来衡量，我觉得如果我再跟他们去砍价，是一种很不地道的行为，于是欣然地接受了这项收费。"詹军荣说。由于物价上涨，这笔费用在2013年增至了每人500元。

志愿者付费只是富士胶片（中国）加入后遇到的其中一个小问题，接下来新的问题不断出现。为了保证活动效果，比如工作的时候，谁负责日方翻译，谁负责中方翻译，中日双方在劳动过程中应该怎样配合，甚至包括用餐坐席等，都需要有一些考虑。北浦就建议每张桌子都尽量有一半中国人和一半日本人，这样可以更好地交流。也就是在这样不断出现新问题和不断解决问题的过程中，富士胶片（中国）和绿化网络慢慢建立起了互相信任的关系。

每一个签名都代表着一张微笑的面孔

长期的沟通与合作建立起了企业与NPO间的信任关系（左：北浦喜夫　中：史咏华　右：大龙隆司）

"合作到现在，我们跟绿化网络的沟通已经非常顺畅，彼此间也变得很熟悉，每一年他们很早就会来问——你们今年有什么打算？每次做完活动以后，他们也会发调查表过来，了解我们对这次活动的看法，包括住宿、餐饮、植树活动本身，并根据我们的想法来不断改进工作。"2008年，绿化网络还专门向富士胶片（中国）做了一次深入的采访，想借此了解中方企业的想法，并把一家公司的想法带给更多的企业，让参与种树的企业之间相互学习借鉴。

在与绿化网络沟通工作的时候，史咏华和詹军荣会很注重方式，并试图理解对方的真实想法。"日本是个崇尚'和'文化的民族，所以一般来说，即使他们有些不同的意见，也不太会直接的表露出来，而是通过一种委婉或旁敲侧击的方式来表达。如果作为聆听的那一方，能够很好地领悟到这一点，基本上就可以避免掉一些冲突，能妥善地把问题解决掉。"在日本公司工作多年的史咏华，对此深有领悟，也将这种领悟应用在与绿化网络的合作当中。

相比一些公司与NPO之间往往因为各持己见、或是沟通不畅，导致最终不欢而散的结局，富士胶片（中国）和绿化网络之间显得要幸运一些，这得益于双方的相互尊重，以及组织文化上的共通性。"日本人一开始可能不太像欧美人那么亲切，甚至有些害羞、有些拘谨，但是随着彼此慢慢接触，了解越来越深，会慢慢建立起一种非常默契、信任的关系。"史咏华很珍惜这种通过长期的互动所建立起的信任感。

史咏华的感受也同样在绿化网络的员工包新春那里得到了印证。自从富士胶片（中国）公司加入到种树项目之后，包新春就开始与他们的工作人员打起了交道。"富士胶片对合作项目有着相对长的考察期，但是，如果一旦决定了，就不会轻易改变，就会和你一起往前走。所以，在与他们合作的过程中，内心会感到很踏实。如果让我比喻的话，我觉得富士胶片有一点像大龙，是很让人放心的一个企业。它会慢慢地改变，它的改变不是突如其来的，而是在人心的安全范围值内改变。在和它合作的过程中，你不会很担心。因为它的每一个动作，都会把你考虑进来，这是富士胶片留给我最深的印象。"

正是出于这种信任感，长期以来，绿化网络和富士胶片相互支持。"他们抱着这种信任感来积极地支持我们开展一系列的相关活动，因为他们觉得你这样做一定会促进这个项目本身的发展，说得再大一些，就是对促进中日之间的交流是有帮助的。"史咏华说道。

而通过与富士胶片（中国）的磨合，绿化网络也找到了一个与其他中方志愿者合作的方法，这成了他们宝贵的经验。

中日志愿者：合唱一首歌

2012年的植树活动结束后，中日双方的志愿者和绿化网络的工作人员照例举办了一次告别晚餐。这一次的气氛稍有不同，富士胶片日本工会副委员长高桥女士即将要退休了，这是她最后一次以公职身份参加活动。作为这项活动的主要负责人，高桥全局掌控着日方活动安排，她2007年第一次接手这个工作，那一年也是詹军荣第一次参加活动，第一次活动彼此留下了深刻的印象。临到2012年即将分别的时候，两个人都抑制不住内心的激动，说着说着就不由自主地抱在一起哭了起来。

"她有一些很复杂的情绪在里面，我觉得我体会到了，"詹军荣说，"日方参与的届数比我们多，组织人员的倦怠情绪也许会更明显。怎样让每年的活动出新，吸引到志愿者来参加，这是我们每一个组织者时常都在思考的问题。她是日本工会的副主席，考虑问题会更多，对活动的付出也远比我们多。也许活动还有不少地方需要改善，但她限于自己即将退休，也只能做到当前这一步了，她情绪中有些恋恋不舍。我也很舍不得她，虽然她已经是孙子的奶奶了，但她始终就像个充满活力的大姐一样，有她在，所有人都会觉得安心。每当问题一报到她那里，她可以协调好各种资源，很快地解决，让活动顺利展开。"

因为同是负责具体的种树执行工作，又是同一年加入，两个人心里都很明白对方的感受。高桥更为年长，詹军荣也向她学习了不少，也更加了解了日本的文化。

2007年第一次去植树的时候，詹军荣和另一个同事小谭负责中方的工作，日方的工作主要由高桥和生协的另一位女士负责。有一天，高桥找到詹军荣，很郑重其事地对她说："我们这次活动，正常的吃饭费用之前都和旅行社协商好价格了，但是关于喝酒的费用是之前没有商量过的。那我们双方酒水的费用怎么算？"詹军荣一下子有点懵。因为对于中国人来说，这种事情不会拿到台面上来说，没必要算得这么清楚吧。可是后来一想，对方的考虑真的很必要。因为日本志愿者的费用由个人负担，而中国志愿者的费用则全部是由公司买单。詹军荣后来就提议，酒水中日双方各付一半。

但是到了最后一天，高桥又特别地跟詹军荣说："我们这边男的多一点，最后一顿饭的酒钱就我们这边出了吧！"

这个细节，詹军荣记得很清楚，而且也成了她后来工作的一个启示。"他们考虑问题非常细致周到，把可能遇到的问题都会事先说好，以免日后有分歧。所以之后每一届我们招募队员时，如果涉及到一些人或外部关联公司的费用，我们都会把预估费用在活动之前就告知大家，活动一结束，我们就会把账目结算得清清楚楚，没有出现过费用方面的问题。"

对于富士胶片（中国）大多数志愿者来说，这个项目让他们有机会第一次深度接触邻国朋友的民族文化。不同的国家，思维方式和处事方式肯定有诸多不同，回来之后大家有空还会坐下来探讨。为了更好地了解对方，詹军荣还特意去读了一些研究日本民族性的书，比如《菊与刀》、《丑陋的日本人》等，试图从民族的根性上去理解日本人的行为，这样在工作中才能找到一个让双方都可以接受的方式来进行沟通。

富士胶片日本和富士胶片中国的志愿者队伍还有一个明显的区别——中方平均年龄偏年轻，而日方一般都是三四十岁以上。所以在交流过程中，中方队员总是有一些新点子冒出来，而日方则会更加谨慎一些，通常会集体商议来确定最终行动方案。性格的差异在一些小事上也能看出来。中方第一次到达内蒙古时，与日方志愿者会合，一起坐大巴前往目的地。为了打发漫长的时间，中方的年轻人一上车就开始唱歌、表演节目，日方的部分成员一开始会有些腼腆，慢慢地就会放开来，加入到合唱的队伍中。

现在，每年富士胶片中日双方的志愿者队伍已经聚集了四五十人。在整个磨合的过程中，虽然彼此存在差异，但是基本的价值观是一致的：齐心完成种树任务，把种树进行到底！这种对于环境、地球的珍爱，其实不分国界。

作为公司高层徐瑞馥也曾先后三次带队赶赴内蒙古种树。在她眼中，种树活动不仅促进了员工的成长，而且也加深中日员工间的交流。"志愿者队伍来自各个地方，有从日本的总部、子公司过来的，也有中国的各集团企业。大家平时难有机会能够凑在一起，在活动中，大家的一体感增强，知道自己是集团的一分子，进而为了一个共同的目标，投身到一项共同的活动中去。对员工来讲，种树本身已经加强了员工对企业的认同感和归属感，而通过绿化活动，员工也更进一步了解到自己所就职的公司是一家重视社会责任的公司，在这样的企业里工作，大家都觉得非常自豪。"

谈及企业、NPO以及志愿者三者在种树项目中的关系，徐瑞馥认为：三者之间的目标是一致的。时至今日，不论是踊跃报名参加的志愿者个人，还是作为推动环保事业的NPO，亦或是作为社会组织一分子的企业，都需要思考"可持续发展"的命题。但是具体到环保事业本身，三者所发挥的功能却不尽相同。对富士胶片这样的企业来说，优势在于能够以经济赞助提供资源，让更多的志愿者更容易、更方便地投入到绿化工作中去。相比之下，NPO则是把企业、志愿者和当地的居民联合起来的关键载体，他们通过组织的专业知识和资源整合，发挥着组织者和融合者的作用，从而让一个绿色项目能够真正去实现。

第六章

唤起更多的人

在我和道路消失之后，将有几片绿叶

在荒地中醒来，在暴烈的晴空下

代表美，代表生命

——顾城，《我耕耘》

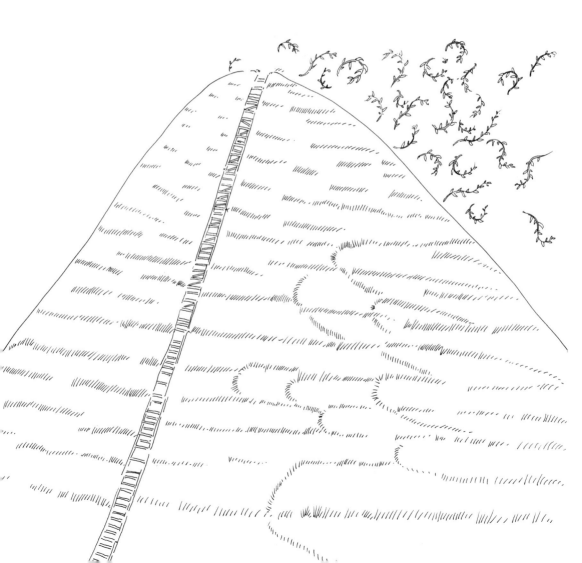

第一节　种树的吸引力

2009年的春天，富士胶片（中国）公司内部一片活跃的气氛，中午吃饭的时候，大家聚在一起，谈论着最近公司要招募志愿者去内蒙种树的事情。通过3年的内部推广宣传，加上那些种树归来的志愿者口口相传，很多人都跃跃欲试，希望能参加内蒙的种树之旅。

"一开始，只要报名就有机会去，但到了后来，由于报名人数远超过计划人数，我们还需要给一些员工做思想工作——你能不能下回去？"负责内部招募志愿者的人事总务部部长巫蔚薇说道。

经过招募选拔，富士胶片（中国）最终定了7名代表去参加当年的活动，另外4家关联企业派出了5名员工。除此之外，为了响应公司2009年的"Sunflower Lady"（太阳花女性）CSR主题活动，富士胶片（中国）还面向社会公众征集了具有"Sunflower Lady"知性、美丽、向上气质的2名青年女性、以及2名女性媒体代表。因此，那次参加活动的成员组成相比过去，是最多元化的。

种树的"吸引之处"

事实上，当初最早在公司内部招募志愿者去内蒙古种树的时候，徐瑞馥和史咏华都有一丝担心——大家愿意去那么偏远的地方从事艰苦的劳动作业吗？如果招不到员工该怎么办？

在最初的一两年里，如何唤起公司内部员工对种树活动的热情，成了史咏华团队的主要任务。一是要组织好整个活动，让参加的人获得好的体验、留下美好的回忆；二是要让更多的人了解这个活动。听上去似乎不是一件很复杂的事情，但实际做起来，却事无巨细，每一年都考验着富士胶片（中国）公共关系团队的执行力。因为要组织来自不同地区、不同领域的志愿者，公共关系团队的同事们在每次活动前都会做非常细致的计划安排。

"对于第一次参与的人来说，这个活动最吸引人之处，就是见到沙漠时的震撼。同时，当看到自己和前辈的付出，为沙漠一点一点披上绿色，那种个人环保实践的成就感也让人感受深刻。"当了两次中方志愿队队长、参与了四次种树活动的詹军荣如此归纳同事们在种树活动中所受到的触动。

同样，在徐瑞馥看来，"员工参与"是种树活动的最大亮点，相比其他类型的种树活动——捐钱、举办仪式、象征性地种几棵树、立一块纪念碑等等，由富士胶片中日员工组成的"绿化协力队"，却是真正地身处在沙漠中，亲身了解沙漠的形成和人类活动对环境造成的影响。大家通过辛苦的劳作，付出汗水，体会到要改变现状需要付出很大努力。

"这个活动对参与者具有一种很好的教育意义，志愿者们回来以后，会和身边的家人、朋友分享自己的深刻体验，而这又能影响到更多的人，促进群体环境意识的改变。"正因为自己也亲身参与过三次种树活动，徐瑞馥对此亦深有体会。

除了亲身体验"改善环境"的劳作之外，对参加种树的志愿者产生触动的另外一点是，他们看到了一种与众不同的工作方式。"绿化网络"中日员工在那几天对志愿者的种树指导和支持，给大家都留下了深刻的印象。

"相比国内绿化工作的一些粗放式管理，'绿化网络'的工作做得很细致，从志愿团队的日程安排到作业林地的维护管理，一丝不苟的工作态度会让你觉得把种好的小树苗交给他们，很放心。从他们那里可以学到很多关于沙漠化、种树的环保知识，大家开阔了眼界，还从他们的个人经历、生活方式中获取了不常有的感动。这也是活动另一个比较吸引人的地方。"詹军荣说道。

关于种树的钱

"中国公司对参加种树活动的员工提供时间和资金上的支持，对活动的开展起到了非常重要的推动作用。"史咏华提起相比日本同事，中国员工在参加种树活动时并不需要太多考虑钱的问题。日本员工去内蒙种树的花费一部分是自费，另一部分是从工会基金里划拨出来的。

中国的公司为参与种树活动的员工提供往返的交通费用和当地住宿、餐饮费用，同时还需要支付给绿化网络一笔苗木费及维护费。员工们只需要贡献出自己的时间和体力去参与活动。由于沙漠绿化活动是在遥远的内蒙古进行，中方队员每个人包括吃、住、行在内的绿化成本并不低。为了能最大限度地调动积极性，吸引员工参与进来，此部分费用基本是由员工所在的公司来承担，这在极大程度上为员工解决了经费上的担忧，即便是刚加入公司不久、薪资还不高的员工，也可以毫无顾虑地参与进来。

"相比日本的情况，我们无法以同样的标准去要求中国员工，毕竟一般员工收入还不是太高，让大家跑那么远路，花那么多时间，如果还要高花费的话，可能会打击员工参加活动的积极性，所以，我们公司最终决定区别于日本工会的做法，为这个活动提供一定的支持。"徐瑞馥所提到的支持，在很大程度上吸引了更多的公司内部志愿者参与到种树活动中来。

"相对来说，中方员工在物质上和时间上的付出要比日方更少一点，所以，在招募队员方面，我们的难度没有日本工会那么大。"史咏华提到，"就目前来看，未来公司对种树的费用支持，应该不会有什么变化，公司除了投入费用去支持志愿者参加活动，还投入了一些资金来配合宣传、推广，我们希望能够把环保教育的效应推广得更大。"史咏华对公司花在种树项目上的钱认真思考过——怎样才能把钱花得更有意义、更有价值？

"我们也考虑过，与其这样兴师动众地让员工经历舟车劳顿去那里，每个人种树的数量也很有限，那我们是不是可以不去了？直接把钱捐给绿化网络，让当地人种树。"史咏华的想法与大龙很相似，"但是情况可能会不一样，如果只是让当地人种树，他们的影响范围永远都只有那么小，但如果外部的人参与进来，会把这个活动的宣传范围扩得更大一些，可以让更多人知道环保原来可以这样做，个人行动是完全可以对环境的改变起到正向作用。因此，我们不能够单纯从金钱的角度去考虑金钱所能产生的物质效应，需要从另外的角度去综合衡量。"

　　史咏华所提出的另外一个角度，体现在更为长远的影响。"绝大多人会跟我一样，没参加活动之前，提到环保这个字眼，对你内心触及会达到怎样的程度，其实是没有什么太深的概念的。但那些参加完活动的人，回到自己的本职工作中，再接触到产品中涉及到的一些环保概念的时候，就会有更好的理解，做工作的时候就会有一种更深的内心驱动。"

　　随着和绿化网络的深入接触，史咏华也对NPO的使命和工作方式有了更深的了解，她有时候会想，也许有一天，她和她的公司可以更好地帮助NPO。"因为NPO缺少资金，就无法招到更多的员工，也就无法把业务扩大。但如果你能给NPO一定的资金支持的话，这些资金支持能够帮助他们扩招、培训员工，就能开拓更多的荒地，也能提供给周边的农村更多先进的绿化管理知识。不过，这些想法目前还停留在自己的思考中。"

　　"另外，我也想过，如果要发动当地农民的积极性，也是要让他们看到经济效益。因此，绿化网络也一直在探索怎么合理的配置树种，让农民在环保和个人的经济收益之间找到平衡。他们也在想能不能找到一个符合当地土壤环境的经济型植物，并把这些植物开发成一个产品，推广到市场上。"在外企工作的史咏华一边想象着可能的未来，一边也会思考现实的问题，"这就涉及到物流、市场开拓等等产

劳动间隙的林间座谈让志愿者加深了对当地村民与环境的了解

种树的脚印在向更远处延伸

业链上的问题，这也不仅仅是企业投入一笔钱就可以解决的。因此，对于一家企业来说，这个肯定要比单纯组织一些志愿者去种树的难度要高很多。"

关于花在种树上的钱，史咏华觉得除了目前的方式之外，应该还有其他一些值得探讨的方式，但从目前的可行性来说的话，可能招募志愿者参与是最简单、最方便的一种方式。

发挥活动的吸引力

2009年的种树活动结束之后，富士胶片日本工会派来了中央委员长（相当于工会主席）和副委员长，并邀请了绿化网络的北浦和大龙，一起在富士胶片（中国）召开了沙漠绿化活动的对话，对过去的活动进行了梳理总结和分享交流。在这次会上，中国的同事听说日本方面存在着招募人数持续减少的现状，除了感到有些惋惜之外，也开始居安思危，觉得未来要让这项有意义的活动持续下去，关键的举措是要让更多年轻人参与进来。

在总结大家讨论的基础上，富士胶片（中国）的组织方觉得可以从另外一个角度来考虑这个问题：与其把它视为一个社会贡献类活动项目，不如把它当作一个"市场课题"来看待。这样，以市场运作的方式来获取"顾客"——先框定目标受众，然后分析他们喜欢的信息内容和信息接收方式，并调查了解阻碍目标受众参与这一活动的主要原因——是时间问题、费用问题、活动内容，还是在活动的宣传推广中存在问题？

随后，富士胶片（中国）做了扎实的调查分析，并制定出进一步的调整战略。比如说，中国公司现在入职的新员工已经是85后了，他们和日本那些平成年代出生的年轻人想法很相似，都随着时代发展而不断快速变化。所以，哪些因素能够吸引这代人，尤为需要弄清楚。在后续的志愿者招募中，中国的组织方很注重在活动宣传中引入年轻人喜闻乐见的流行元素，诸如PK、拓展、城际跨越、网上互动、博客微博传播等，极大地吸引了以年轻人为主力军的多个群体的关注。

在2009年的那次讨论会上，富士胶片（中国）总结了过去几年活动中的经验和存在的问题。大家讨论最激烈的一个话题是，如何才能真正调动员工的积极性，让他们参与到艰苦地带的绿化活动中去。结论是，要从物质和精神两个层面全力推动，才能获得更多人的响应。

首先是物质上的保证。一是继续提供费用支持。另外，时间的支持也非常现实。2009年之前，每次绿化活动的时间都是五一黄金周前后（后来调整为每年的夏天），通常这是员工自我放松、与家人团聚的好时光。而绿化活动的行程会占用整个黄金周时间，甚至还不够。为此，中国公司为保证活动的顺利进行，不光会将1至2个工作日的缺勤视为出勤对待，还会提供1–2天的休息，来保证员工在体力劳动后的精力复原。时间上的支持让员工在参加有意义的活动的同时，还能有额外的时间来补充与家人的团聚时光，很好地兼顾了二者。

基础物质性的东西保证了以后，在绿化活动的精神层面，也需要下功夫。一是注重环保感受的分享与互动。通过参加种树活动，志愿者的内心都受到了极大的触动，实现了一次心灵的洗礼。组织方需要创造合适的渠道让志愿者们将自己的感悟诉说出来。于是，富士胶片（中国）利用博客、微博等方式让志愿者们在社会化媒体上抒发感受，并邀请亲朋好友来分享。同时公司还利用向全体员工发送的内刊、邮件来积极宣传这个活动。通常，在活动结束后的很长一段时间，志愿者们都会频繁地被同事们问到活动的感受。

二是强调与众不同的沙漠体验。沙漠绿化活动对于员工日常的生活环境来说，确实艰苦一些。但如果只是强调活动是去条件恶劣的地方进行绿化，员工肯定没有兴趣、甚至会拒而远之。但是有一点是绝大多数员工所感兴趣的——沙漠！因为沙漠不为大家所接触，充满强烈的神秘色彩。因此，在招募志愿者的文件中，组织方除了会提到活动的重大环保意义之外，还会通过具有视觉美感的沙漠照片来展示沙漠的独特风情。

　　三是与异国朋友进行跨文化交流。在这个活动中，来自中国和日本的志愿者可以从劳动、生活等多个角度来感受彼此的文化差异。每次活动进行下来，大家都觉得人与人的交往乐趣是这个活动最大的亮点之一。绿化活动本身枯燥而劳累，但如果参与的人们能够愉快地相处和交流，那整个行程就被赋予了无限的乐趣。

　　为了保证中日志愿者之间的顺利沟通，中国的组织方特意在每年的志愿者中安排精通日语的员工承担翻译工作，同时部分会英语的中日志愿者能自行交谈，都为互动交流打下了良好的基础。在欢快的劳动环境中，志愿者们在日常工作中不大发挥的外向性格特征被强烈地激发出来，交流活动也显得更加有趣，从而让志愿者之间结下了友谊、成为了好朋友。

种树的感言与照片让端午节的贺卡别出心裁，得到了很多赞誉

第二节　传播方式的试验田

2006年，史咏华风尘仆仆地从内蒙种树回来之后，她和自己部门里的同事谈论得最多就是那一个礼拜的所见所闻。因为亲身在大漠黄沙中挖过土、浇过水，那份感触深深地留在了心底。

不久之后，就到了端午节，"给熟识的朋友发张定制的贺卡吧，里面就放这次种树的内容！"很快，史咏华就把这次种树的感受写成了一首小诗，詹军荣也帮着排版。这确实是个不错的主意——当时，富士胶片的一些冲印设备正在推广，把沙漠的照片通过自己公司的影像冲印设备冲印出来，然后再把照片一张张贴在贺卡上，沙漠的逼真图景就活生生地展现在面前。

"之后，许多收到贺卡的朋友都打来电话或发来邮件，跟我们说——'这张贺卡非常别致，能打动人心，你们公司的活动真有意思……'看来脱离了标准化印制，哪怕只是一张单薄的贺卡，只要融入了真情实感，照样能沁入人心。"很多年之后，詹军荣依然记得当年亲手制作贺卡的那份心情。

与时俱进的传播方式

虽然只是一张小小的贺卡，但这张贺卡带来的反馈，给了史咏华和詹军荣信心，看来大家普遍对种树的事情感兴趣！于是，到第二年，也就是2007年富士胶片（中国）第一次大规模组队前去内蒙种树的那一年，她们决定启用博客的方式，让更多的人知道活动情况。

"其实，当时我也是博客新手。虽说在一年前就建过博客，但没怎么写。后来博客越来越火，到富士胶片举行这个活动时，我们觉得博客是一种很好的记录、传播工具，能通过参与者文字和图片的记录，让更多没有去的人了解活动详情，不仅有利丁公司员工还利丁外部公众来了解我们的活动。当然，后来我们也发现博客的影响力更多是在公司范围内和志愿队员的朋友圈内。"

　　因此，身为2007年绿化协力队的中方队长，詹军荣不仅需要组织协调种树的事情，每天累得全身发软，晚上回到驻地还要团结大伙儿一起记录当天的活动感悟。可能是第一次如此投入到一项公益活动中，所以那几天曾经做过记者的詹军荣十分高产，洋洋洒洒在活动博客上写了好多字。

　　"在去之前我们要求参加活动的员工先写一篇对活动的憧憬和愿望，活动过程中我们实时添加更新队员的博文，回来之后，大家至少要写一篇自己参加活动的感想。这些博客更新之后，我们会阶段性向全体员工发送通知邮件，希望大家去博客浏览。"博客分享促进了种树项目在富士胶片（中国）内部的宣传，因为参加活动的员工来自于不同的部门，与员工志愿者相关的部门同事、领导也会积极去看博客内容，来了解这究竟是一项怎样的活动，从而，为后续的志愿者招募做了很好的铺垫工作。

　　2007年那一年，除了员工志愿者外，詹军荣还带了三家媒体记者一起前往内蒙古。"当时邀请媒体过去，并没有急切地希望媒体马上能做相关报道，只是觉得除了员工以外，我们还可以让外部的人士去亲身体验一下，当然记者是最好的人选。"当她向媒体记者发出邀请带他们去沙漠种树的时候，记者们最初的反映与员工志愿者差不多，也曾幻想过大漠驼铃的浪漫场景，结果去了当地，发现与自己的想象很不一样。

　　在种完树的一个晚上，詹军荣和大龙协商了一下，让他能尽量满足同行三个记者的聊天愿望。虽然当时大龙的中文还不是很流利，但大家聊得很投机，一下聊了两三个小时。"这是大龙从事绿化网络工作以来第一次面对媒体，虽然中文表达不那么利索，但媒体记者回来后被大龙的质朴无华和环保无国界的真心所感动，感受

种树，改变了谁？

绿色传递的现场活动把环保的幼苗传递到了孩子们手里

175

到了活动最动人的内质。"在这之后，只要有媒体愿意参加，富士胶片（中国）都会带几位媒体记者过去体验种树治沙。

从2008年开始，富士胶片（中国）招募志愿者的范围从公司内部扩大到了关联公司。同时，史咏华的公关团队决定做更大范围的活动宣传。为此，她们还专门为种树项目做了一个网站，在这个网站上，介绍了关于沙漠的现状和种树活动的具体内容，同时，也邀请外界的朋友在网站上分享"绿化沙漠"的环保金点子。为了更好地与网友互动，她们还在网站上专门设计了游戏程序，在网上种树，以网友的相互影响力将中国地图"种成绿色"。"因此，在这个网站上，除了环保信息之外，还有我们活动的回顾、互动游戏环节。这些网络宣传方式的组合性运用，让我们充分了解了网站的创建架构和实施步骤，这也为我们日后重建公司官网做了很好的工作铺垫。"除了网络宣传之外，富士胶片（中国）的公关团队在上海也邀请一些媒体朋友做了一次以绿色传递为主题的城市寻宝活动，这种年轻人间流行的游戏方式让环保概念更接地气，富有了活力。

2010年，也就是上海世博会召开的那一年，史咏华的团队采取了一种更具声势的传播方式——通过全国海选、媒体传播、日志记录、低碳大使真人秀等多样化的活动和传播形式，让更多的人了解种树项目。

"如今，社会化媒体的分享传播让传播变得更加有趣。我们的'绿富士在行动'微博在种树的那几天粉丝量涨得很快。2012年去种树的年轻人特别多，最小的都要靠近90后了，他们一见面，就相互交换微博帐号。在这个活动期间，他们把漂亮的沙漠场景、劳作中的有趣画面全都拍下来，用微博分享出去。"史咏华认为，社交媒体的兴起，其实对她们这些本职做传播的人员提出了更高的挑战。

"现在的情况并不是像原来那样由我们选取传播内容。在过去，只要我们不说，也许别人并不知道。但是现在不同了，每一个环节都要经得起外界挑剔的眼光。因此，这对我们的工作要求也越来越高，每个环节都要言行一致。"

传播方式的试验田

对于像富士胶片这样的公司——一家业务多元化发展的公司，横跨各领域的事业部门繁多，这要求企业在选择CSR项目时，需要得到多个部门的认同，找到一个能凝聚全体力量的项目，成为共同理念的实现载体。"从这个角度来说，种树项目与我们公司长期提倡的环保理念很吻合，得到了公司上下的广泛支持，它本身所包含的价值观得到了认同。另外，它是一项宽容度很高的公益活动，能够自由地承载很多传播手段，又很像我们的一个实验平台。"史咏华解释道。

因为种树项目而带来的"传播实验平台"，对公共关系部门的人员来说，无疑具有很强的吸引力。"必须承认这是一个很好的公益活动平台，在这个平台上，我们可以无限地发挥自己智慧和想象的闪光点，对我们业务能力的提升很有帮助。其中的愉悦感觉，就如同是在一个自由开放的空间，你可以遵从自己的创意去搭建各种美妙的房子，很有意思。"尽管每一年都要尝试新的传播方式，但好学的詹军荣和她的同事们，找到了另外一种乐趣。在她看来，正因为这个项目具有社会意义，相比一个具体的产品，它可以传播超脱出物质本身的理想与精神境界，这对做传播的人来说，意味着有更多发挥的空间。

不像一些公司但凡大小公关事务均外包的方式，富士胶片（中国）的公共关系团队在推广种树活动项目上，采取了自己主导的方式，从策划到落实，都是团队成员亲手去实践完成。"这个活动对我们工作能力提出了全方位的挑战，从项目初期的创意策划、文案设计，到执行阶段的资源协调、人际沟通、现场把控，再到后期传播的宣传跟进、扩大影响，这些都让我们在真枪实战中快速成长，实践而来的经验又很快运用到其他项目中，团队的专业敏感度也在锻炼中不断提升。"詹军荣说道。

基于公共关系部门本身固有的宣传职能，除了做好种树这件事之外，还需要考虑——如何让更多的人知道这件事，并且，不只是知道，而是更深入地了解、认同这件事。

也正因为肩负着两重任务，史咏华的团队摸着石头过河，边学边做，"一不小心"走在了CSR领域的前沿。事实上，当"绿色"、"公益"越来越成为一个全球普遍关注的话题时，一些公司的市场广告部门也纷纷随机应变，"绿色"、"公益"元素往往出现在各类充满创意的广告片或者新闻稿中，然而，当一些知道真相的消费者发现"做得并没有说得那么好"，或者干脆与事实不符时，往往就会产生"绿洗"的反效果。

因此，如何把真正脚踏实地做了的事情说出去——既不能说得人过，也不能沉默不语，找到有效的渠道，成了考验史咏华的团队的另外一个难题。对于她们而言，同时承担公司两项职能——CSR职能和公共关系职能，虽然有其先天优势，对所要传播的信息非常了解，但在项目传播过程中，也必然会面对"公益本质"与"传播色彩"的平衡问题，前者与后者，孰更重要？

"应该还是以公益为主导项，如果涉及到企业和产品品牌的宣传，搭配不牵强，我们可以稍微配合进来一点，但是绝不能超过、掩盖活动主体，不强求、不硬搭，这样会让种树变得更单纯、更动人。"詹军荣说道。

回过头看，富士胶片（中国）的公共关系团队一边推动种树项目的开展、一边摸索着用线上线下各种方式来传播这个项目，从博客到微博，从网站到海选秀，从单地到跨城……在这个过程中，难免遭遇了一些挑战，但也磨练了团队的能力，以合适的"可持续发展的传播方式"，为种树项目树立起了影响力，唤起更多的人参与进来，为项目注入了新的生命力。事实证明，一个公益项目除了"做得好"，"说得好"也是不可或缺的，信息分享的精神已经越来越重要，只有当更多的人认可这个项目，才可能获得更多的资源。后来，这给了富士胶片日本工会的同事更多的启发——原来并不太看重宣传的日本同事，也开始向中国同事讨教经验了。

"在公共关系方面，我曾经是一个新手，也是通过多年的实战、学习和积累，让自己具有了一定的专业背景。"史咏华对此很有感触，"因为传播种树活动是我们部门独立操刀的项目，即便在各种实验操作过程中有一些挫折，我们可以反省、消化掉，并立刻感知各种传播方式的优缺点在哪里。当具备一定的实践经验之后，一旦我们和其他部门或是外部合作机构再去合作、开展活动的时候，我们就能有自

女性之间常常
有一种默契，
无声而动人

己比较明确的观点和合适的方案推荐。"

三个人的默契

从2006年到现在，史咏华和詹军荣成为富士胶片（中国）公司内部执行种树项目的幕后搭档。一年年下来，两个人对种树项目都积累起了深厚的感情。"当你对这个活动投入了真情实感，你会愿意在每一个执行细节里，把自己的所有力量都贡献出来。"擅长做执行的詹军荣对此深有体会。

相比欧美公司，日本公司的流动率相对要低，这也使得在这么长的时间跨度里，这对搭档依旧相互配合，将自己的情感和智慧共同倾注在种树项目中。一个工作团队的相对稳定，能让团队成员之间更为了解，默契程度也会更高。"这样才可以在有限的资源和时间里，把事情做到最好。否则，你永远在跟新人磨合。如果各自理念、工作方式不同，在冲突的状态下连基本任务都难以达成，就更无法把事情做好。"史咏华对自己和搭档的擅长之处十分了解。

史咏华觉得自己是一个容易出新想法的人，有时候不免有些天马行空。"我喜欢探索新的东西，挑战新事物，想法比较多。詹军荣和我合作时间长，彼此有种默契，她可以很好地理解我的想法。然后，我们一起商量着怎么把这些想法落实下去。很多时候，她会告诉我有些做法是不可行的。如果没有她的支持和协助，可能很多想法也没有办法实现。"史咏华笑称自己是"经常被打击的那位"。

因为在詹军荣看来，所有的想法最终只有能执行出来才算可以真正落地。然而，这些年来，通过参与种树项目，詹军荣也看到了自身的变化。

"我们一直在做这项活动，但是每一年又有些不同，我们会采用一些新的实现方法、宣传手段，去吸纳不同的人，接触不同的事物，其实一直在求新。在骨子里，我是一个喜欢求稳的人，求稳尽管能让事情顺利推进，但也意味着改变不会很大。但是，当这些年完成好各种不同的项目之后，你会发现新方法的采纳往往会给事物带来明显的改变，当你看到改变的正面效应之后，也会产生思想的触动进而改变惯常的行为方式。如果一个人一直在从事熟悉的、一成不变的工作，就永远没有办法获得成长。"

如今，富士胶片（中国）的公共关系团队也在不断壮大，2012年又吸纳了两位科班出生的新人，在当年的种树活动中，两位新人也在前辈的带领下迅速进入角色，开始接触起项目执行和传播工作。

"看着新人们的成长，有时也会想到自己的过去。以前工作中会时常冒出些在现在看来有点幼稚、甚至可笑的想法，但徐总从来没有打击过我，从来不会说'怎么这么傻的想法'之类的话，而是经常说'那你就去试试吧'。"虽然勇于做"第一个吃螃蟹"的人，尝试新的传播方式，但在史咏华现在看来，如果不是上司徐瑞馥的支持，这些想法可能早就胎死腹中了。这些年来，徐瑞馥和史咏华的团队也形成了一种基于信任的默契。

"如果不去尝试，你永远不知道现实中存在新的方法。如果你一直抱着传统的想法做事情，你的部门势必会渐渐地丧失活力，工作效果会大打折扣。所以，不妨就大胆地去尝试！"在徐瑞馥看来，她要做的就是为下属们创造一个顺利推进工作的平台，发挥大家的主观能动性，鼓励大家去创想新的办法，只要下属方案能够说服她，那么她就会支持他们大胆地去执行。"如果你积极、尽心地去做了，哪怕出了点差错，下次还会再给你机会。"骨子里就有闯劲的徐瑞馥，也是以同样的方式鼓舞着自己的同事。

当碰到一些内部沟通的障碍时，深谙中日文化的徐瑞馥，又迅速补位充当了一个翻译的角色，在她看来，这种翻译并不仅仅是日文与中文之间的语言翻译，而是把下属提出的方案用日本人更容易理解的方式与日方高管进行沟通，让后者更快地理解和接受。

"如果仅看一些汇报的文字，日本高层不会以中国式思维方式来理解，不会有情感触动，甚至有时还有点迷茫。那我就会以日本人的思维方式向他们解释沟通，方便尽快做出决策。当然并不是凡事都需要我出面，只是在一些紧急的情况下，下属自己去沟通可能会延误时间的时候。在这个过程中，我觉得自己担当着一个文化翻译者的角色。"徐瑞馥说道。

第三节　那一年的海选

2004年湖南卫视推出"超级女声"节目，随着这档节目红遍中国，海选的选拔方式也开始流行起来。

2010年，富士胶片（中国）参与内蒙种树项目也到了第五个年头，尝试了多种传播形式，逐渐积累了一些经验。恰巧那一年，世博会在上海召开。史咏华和她的同事们决定针对公众志愿者的招募采用海选的方式，在世博会举办地上海举行最后的PK，最终入选者参与当年夏天的种树活动，她们希望通过这种传播方式，为种树项目树立更大的影响力。

于是，史咏华的团队投入到了一场声势颇为浩大的招募活动中去，但"传播"还是"公益"的问题始终盘桓在那一年的海选过程中。

海选出来的志愿者

在项目策划之初,当史咏华和詹军荣一边做着头脑风暴，一边把任务清单写下来的时候，两个人开始陷入了这样的思考：那么，究竟怎样才能从茫茫人海中找出这合适的三个人？最终的选手到底是什么模样？

她们决定借助网络的力量，通过在网上论坛广发英雄帖，建立志愿者海选招募的专用活动网站，发布新闻稿、购买百度关键词等方式将这个网站传播出去。

在讨论活动网站报名页面的设计时，　史咏华认为"为了吸引更多的人，报名表应该设计得越简单越好，方便大家在网上注册、登陆，否则繁杂的过程会挡掉很多人的热情。"但詹军荣坚持要设置"申请理由"这一栏，并希望达到一定的字数，因为她认为，报名人写得越认真、越长，说明他对这个活动的渴望程度越高，最后她们采用了一个折中的方案。

她们从800多位通过活动网站递交个人申请资料的报名者中挑选了六位并邀请到上海，进行最终六进三的PK环节。

"考虑到传播的效果，我们在挑选的时候，还是希望选手本身最好具有一定的故事性，毕竟后续还有舞台的PK、长途跋涉、博客宣传等环节，所以对选手的形象、体力、技能，比如摄影、写作等能力也会有一定的要求。还有一部分报名者是在职人员，将近一个月的活动时间可能也没有办法配合。所以，最后邀请到上海的六位中，学生占了大部分，因为七、八月份正值暑假。"

六位选手从湖南、安徽、北京等地来到了上海，参加了在共青森林公园举行的拓展赛，然后，又同台进行才艺PK，来自政府林业部门、企业、媒体的代表担任了评委。最终，三位年轻人被锁定为当年的种树志愿者——两位是在校大学生，一位是自由职业者。随后，他们坐着火车，一路向北，开始了绿色传播的旅程。在南京、济南、北京，这三名志愿者都需要完成设定的任务——比如教路上的小朋友唱一首关于环保的歌，或是和路人进行物物交换，号召人们用更环保的方式来生活。比如在济南站，他们的任务是拿手帕跟路人换一次性的纸巾。当时有很多路人以为他们是卖手帕的而避之不及，但也有很多人支持他们，有很多学生还问能不能一起发。

传播，还是公益？

当选出来的三个外部志愿者最终在内蒙古完成种树任务、和富士胶片的志愿者团队说告别的时候，史咏华突然觉得自己有许多话要说，却不知从何说起，三个志愿者在活动过程中的不同表现，让史咏华开始反思"海选"到底要侧重于选手的哪些素质，甄选活动的最终意义所在。

社会志愿者的热心参与给活动增添了色彩

回想当初为了通过网络招募志愿者而进行的百度关键词投放而进行了前期调查，数据显示对"旅游"、"摄影"这些关键词的检索量要远远高于对于"公益"和"环保"这类词的检索，为了扩大活动的影响力，史咏华决定在关键词的投放上加大"旅游"、"摄影"类词的比重。

同时，为了配合这样的宣传导向，史咏华觉得设置现金奖励也许会更有刺激的效果，虽然在公司内部也遇到了反对，有人认为志愿者如果单纯为了奖金而来，公益的初衷就不纯正了，因此没有必要去设置奖金，但为了提高活动吸引力的需要，史咏华最后还是采用了奖金的方法。

那一年的活动对于外部志愿者来说确实非常辛苦，由于活动时间是在炎热的夏天，时长将近一个月，对他们的耐力和耐性都提出了很大的挑战，因此最初真正的报名目的就成为了能否自始至终保持一腔环保热情，并顺利融入富士胶片集团的跨国绿化志愿者队伍的试金石。最后看来，曹伟在这几点上都表现得相当出色，另外两位选手在活动前半部分表现得也比较出彩，但在最后阶段考验最终耐力的时候有所松懈了。

在传播效果与公益实践之间——是想要数量，让更多的人被吸引呢，还是想要质量，选出更有环保公益心的人？确实曾经让史咏华左右为难，但那一年海选的最终结果，让她下定了决心，第二年的外部志愿者招募活动，果断取消了奖金和海选，不再与广告公司合作，而是与上海市团市委旗下的民间公益组织依托平台"青年家园"合作，让后者发动网络内的NGO的力量，从更具有针对性的渠道中招募到了真心热爱公益的志愿者们。

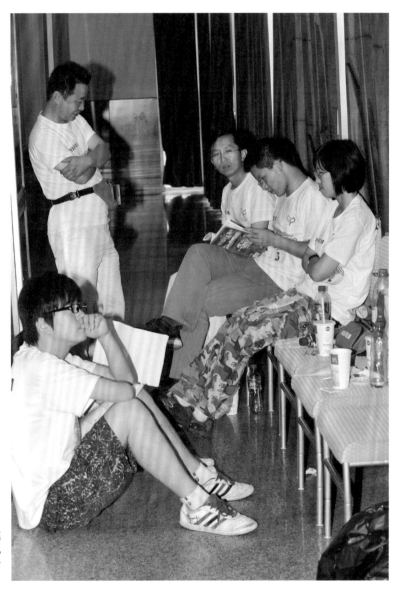

来自各地的海选志愿
者为得到种树的机
会，在后台尽心准备
即将到来的个人演讲

富士胶片无锡工厂积极选派志愿者参与到种树活动中来

第四节　种树，是一种荣耀

从2008年开始，富士胶片（中国）投资有限公司开始面向集团在华的关联公司发送种树志愿者的招募函，如果有关联公司愿意参加，可以一起加入进来，由富士胶片（中国）一并统筹组织。关联公司中以生产企业居多，注重环境品质管理的因子，让不少家关联公司都积极选送员工参加，富士胶片精细化学（无锡）有限公司就是其中的一家，在2011年和2012年获知了这个项目信息后，每年都派出了两名志愿者参加。

对员工的一种奖励

"在我看来，种树活动是一个非常好的教育机会。所以，我在派人参加的时候，是当作一个奖励让员工去参加的，由各个部门推荐优秀员工来参与。这样，员工对这个事情非常感兴趣，也觉得这是一件非常光荣的事情。"通过这样的积极推动，富士胶片精细化学（无锡）有限公司的副总经理德原碧子，把种树这样一个公益项目纳入到了公司的教育和激励体系中来。

2011年，德原在自己的电脑中看到了一封来自富士胶片（中国）的邮件，邮件的大意是说"今年的内蒙种树活动开始招募志愿者了，欢迎关联公司的同事前来报名。"本身对种树这件事情就带有好感的德原，认真看了一下活动的内容介绍，打电话询问了在富士胶片（中国）的好朋友徐瑞馥，了解了活动的详细情况后，爽快地回复可以派两名员工参加当年的种树活动。

　　在无锡工厂，成为志愿者的员工是以出差的身份去内蒙种树的，期间所发生的费用都由公司负担。"如果种树的时间遇上周末，那就相当于加班，员工回来以后可以申请调休。"德原说道，"这样人性化的安排，使得人家都很渴望得到这样的机会，不管这件事有多累，但内心会产生荣耀感。在我看来，环保种树是件好事，特别是去内蒙古沙漠种树，我觉得是很神圣的公益，员工欣然积极地去参与，会有更好的体验和收获。"

　　实际情况的确如德原所想象的一样，员工们从内蒙种树回来，精气神很好，总是会主动和德原打招呼，和她聊上几句，"德原总，我们回来了。""怎么样啊？有什么收获？"德原问道。"完全和想象的不一样，原来以为科尔沁是绿油油的大草原，现在都沙化了。亲眼看到环境的恶化，很受教育。另外，那边NPO的日本人太让人感动了，那里荒凉得连中国人都觉得难以生存，他们却从日本过来，长年累月驻扎在那里，坚持着种树这一件事情。"回来的员工向德原讲述着自己的感触。

　　连续派了两届员工去参加种树活动，德原觉得参加活动公司尽管需要花费一些资金去支持，但员工的反响非常令人鼓舞。"如果有可能，我想每年都派两个人过去，最近两年一直派的是男员工。我到了上海，与徐副总聊起来，徐副总说——'男孩好呀，男的有力气，我们这边女孩子多，给我们派男的！'，我就说，'知道了，给你男孩子。'"

　　从自己员工获得的亲身经历中，德原也受到了感染。事实上，在无锡当地，她所在的公司也曾被邀请参加当地的种树活动，然而，当她了解到活动的实际内容的时候，她却一口回绝了。

　　"两年前，我们所在的新区后面有一条新马路，两边种着树。但有一天，当地来了一个通知，说是要把两边的树都拔掉，然后种樱花树，希望新区所有的日资企业来认购，一棵树2500元，而且认购是以组为单位，一次认购最少5万。"

虽然德原所在的公司连续几年都被评为无锡市企业社会责任先进单位，但德原一听说这样的事情，就马上回绝了，德原反而会和对方提起富士胶片的内蒙种树活动，"我们集团有在内蒙古种树，那是实实在在的种树，因为土地沙化荒芜，不种不行。但是这里本来就种着好看的树，拔掉再换其他的树木，意义很大吗？如果捐了钱只是为了挂一个牌、挂一个名，我觉得这个很虚，这种名还不如不要！"

对于环境保护，德原有着自己的理解。一走进富士胶片精细化学（无锡）有限公司的工厂大门，第一眼就会被长长的一排月季花所吸引，深红色、粉色的花朵在风中摇曳，给这家化工厂增添了一份勃勃的生机。

这些都是德原要求种的，"我曾经在日本京都待过三年。"德原至今还记得那时候的她每天都开车去上班，到了春季，中国北方的风沙越过海洋，刮到京都。每天早晨她去停车场取车，就会发现自己那辆白色的车上覆盖着一层黄色的沙子。"这样的车实在开不出去，我一大早就要用水去冲，否则太难看了。"因为亲身经历过沙尘对自己生活带来的影响，德原对种树治沙这件事情，怀着一种特殊的感情。

德原碧子的故事

虽然有着"德原碧子"这样一个很日本的名字，但事实上，德原是一个生在上海、也在上海工作过很长一段时间的上海人。20世纪80年代，那时她还在上海机关工作，工作需要会接触到许多国外企业。有些国外企业向她发出了邀请，德原最终出于地理距离的考虑，选择了去日本。

德原性格豪爽，并不是一个典型的上海女人，她敢闯、好学，看问题容易看清本质，人也正直，因此，她在所服务的日本公司里赢得了口碑，一直担任着重要的管理职务。很多日本人都对这位中国女子刮目相看，她曾经让一家连年亏损的日本公司在福建漳州投资的工厂扭亏为盈。

当时那家工厂作为改革开放的第一批合资工厂，开了7年，每年都赤字，德原临危受命被日方任命为工厂董事总经理，她一上任，就大刀阔斧，解决人浮于事的现状，把原先的260多人缩减了一半。之后，德原又开始抓经营问题，针对严重的回扣风气，她亲自出马控制进料渠道。有一次，她带着日方社长去拜访一个供应商，对方一看她是一个中国人，当着社长的面，用中文对她说："你和我们订货，我给你20%的回扣。"德原听了，不动声色地把这句话翻译给了社长，社长不可思议地说，"他跟你说的是这个？"回去以后，德原把这家企业从供应商名单上划了出去。在她的管理之下，这家公司仅用了一年时间就摆脱了连续亏损的厄运，而德原也荣获漳州市政府授予的第一批荣誉市民称号。

当年管理工厂的经验，让德原之后又获得了帮助日本的三协化学公司开办无锡工厂的机会，从2003年开始，德原被派驻到无锡，开始在一片荒地上筹备建厂。三协化学曾经是富士胶片公司的合资公司，2005年底，富士胶片集团把余下的40%股权全部收购了，曾经的三协化学就成为了富士胶片的全资子公司，它在无锡的工厂也成了富士胶片（中国）的关联公司。

多年在日本与中国两地的管理经历，让德原在用人与培养人才方面有着独特的见解。她特别看重讲究诚信的人。"诚信，能够帮助一个人建立起个人的信誉和口碑。"德原副总举了一个例子，每年到了三、四月份工人加工资的时候，新区有时

厂区的每一棵树都是德原碧子的精心安排

候会有公司发生员工在工厂门口静坐，与公司对峙的事情。"但是，我们公司从来没有发生过。作为企业的管理者，你需要有诚意、有诚信，将公司的真实情况告诉员工，如果公司的运营情况不错，那就可以多加一点工资，如果情况不是很好，加少一点。工资加少了员工肯定会不满意，但通过多接触、多沟通，员工了解实情后，感觉到了你的诚意，就会理解和接受。"

第七章

中方志愿者的故事

每个人心里一亩一亩田，每个人心里一个一个梦

一颗呀一颗种子，是我心里的一亩田

用它来种什么，用它来种什么

种桃种李种春风，开尽梨花春又来

那是我心里一亩一亩田，那是我心里一个不醒的梦

——三毛，《梦田》

第一节　一次心灵的放逐和回归

当邓菲从通辽回到成都，富士胶片（中国）成都分公司的办公室里从此多了一个废旧电池的回收箱。这个变化虽然微小，但对于在沙漠种了一回树的邓菲来说意义不小，因为一粒废旧电池会污染的土壤和水关系到一株树苗的栽种和存活。对于地球资源的惜爱之情，借着这个小小的电池回收箱，在与内蒙古遥相对望的成都分公司的办公室里散播开来，甚至有时候一句"随手关灯"的提醒也成了同事之间亲切的问候。

沙漠教会的第一课

时间回到2007年4月底。那一年邓菲作为成都分公司唯一的代表，带着同事们的心愿，加入了富士胶片沙漠绿化的志愿者队伍。当她在沈阳与公司其他同事会合时，空气里的沙粒已经让邓菲隐约担忧了起来。集合完毕的队伍要从沈阳搭乘长途汽车方能进入此行的目的地——内蒙古通辽市的甘旗卡镇。随着路途的推进，车窗外的世界开始泛黄，隐约见到的植物也只有零星的几片叶子——很难想象这里曾经是植被丰富的科尔沁大草原，或许现在，用"科尔沁大沙漠"来称呼更为准确些。

而当邓菲的双脚踏于沙粒之上，真正开始在沙漠中劳作时，铁锹一锹插入沙中的深度超出了她的想象，直到现在，她还记得当初的震撼，特别是当沙漠在志愿者们的眼前展开时。而当大家亲眼看到如此恶劣环境下树苗和草种还能存活下来时，志愿者们又是另外一番感慨，"在那里，能够生存就是一种幸运和幸福。"

广袤的沙漠是志愿者们的第一课堂，干旱、日晒、风沙是志愿者们领教恶劣环境的第一考验。当结束了一天的劳作回到宾馆，想用水洗去满身的沙尘和疲惫时，还会经历突然没水的尴尬，这让习惯了城市生活的他们有些猝不及防，但也深切体会到水的稀缺——在那样的环境下，洗澡似乎也是一种奢侈。当大家回归到各自熟悉的生活，节约用水、循环用水便是一件再自然不过的事，不再是停留在字面上的宣传标语，而是成了生活的一部分。

如同一面镜子，环境上强烈的反差让志愿者们思考自己和环境的关系，不只是同自己熟悉的生活环境对比，也包括科尔沁沙漠与科尔沁草原之间的想象落差，在这种反差下展开的思考投射进熟悉的生活环境中，沉淀出的便是日常行为上的改变。当被问及"参与沙漠植树项目对自己最大的影响是什么"时，志愿者给出的答案多半都是"节约"两个字，虽然不及"保护环境"听起来那么伟大，但却润物细无声般地，一点一滴渗透进生活的细节。"制作废电池回收箱、提醒大家随手关灯，这些虽然都是微不足道的小举措，但是积少成多，总会看到一些希望。"一直在成都分公司负责人事总务工作的邓菲，称自己为办公室的"小管家"，从通辽回来后，她为自己找到了岗位上的新方向——"低碳办公室生活的小使者"。

牵挂，还有一份担忧

除了制作废电池回收箱，在邓菲自己的办公桌上，还多了一本日历相册，那是她用沙漠中拍的照片自己精心编辑的一本相册，经常会被路过的同事拿起来翻看，成为了她在沙漠种树经历的最好留念。每当视线停留在志愿者队伍和小树苗合影的照片上时，邓菲都会惦念起2007年自己亲手栽下的那些树苗，"当时我种下的小树苗只有矮矮的五十公分，现在可能已经长到一米高了吧。"

和邓菲一样，每一位志愿者都用自己的方式保留下种树的那段美好回忆：一本精心编辑、图文并茂的植树画册，一块抵挡风沙的丝巾……也有着属于它们的沙漠故事，即使只是一些朴素的文字材料，也被志愿者细心地保留下来。

志愿者们的记忆都离不开"树"，这些黄色世界里的绿色生命紧紧地拴住了他们的心。严斌是2008年的志愿者，四年前他带着不舍的心情挥别了那片自己挥洒过汗水的土地。不舍的是那些树，要离开的那一天，他又开始担心自己种下的松树是否会顺利地成长。的确，在那样恶劣的环境下，比起简单地栽下一棵树苗，让树存活显得难度更大。如果绿色的生命能够牢牢扎根在那片贫瘠的土地上，那将会是一件多让人欣慰的事啊。

从通辽回到上海后，严斌总想着什么时候有空能再回去看一看。除了记挂自己栽下的树苗之外，还会惦记着那紧邻沙漠的村庄和村子里的村民。在参加活动之前，严斌的想法很简单，只是想参与体验一下这项独特的公益活动，但没有想到，回来之后，平添了很多对那远方的牵挂。

让严斌印象深刻的，是大龙所在的绿化网络的专业精神。从每一天的行程安排，到具体劳动时有步骤地引导，志愿者们接受了一次别样的教育——绿化活动通常从认识沙漠开始，根据苗木生长需要，会有制作草方格固定沙土、栽种树苗、集体浇水、修剪杨树枝等工作内容的安排，每一个劳动环节，大龙和他的同伴们都会具体介绍目的及方法。例如，为杨树剪枝是为了确保水分和营养能够输送到杨树顶端，让其长高以挡风，剪枝要贴着树干剪去下方三分之一的旁枝，少剪多剪都不好，每一步都马虎不得。与其说志愿者们是在沙漠里流汗出力，不如说他们是在接受一次密集的环保知识培训，绿化网络的职员是上课的老师，沙漠和林地则是最广阔的课堂。

除了知识上的收获，严斌在这个大课堂里也有了更深的体悟：种树是为了治理土地沙化，恢复草原的原貌，根本目的还是为了还原村民的生活样貌，其实光靠志愿者或者绿化网络是远远不够的，关键还是要让当地人能参与进来，把绿化改造变成他们生活的一部分，这样环境才可能发生本质改变。

严斌当然明白，改变不是一朝一夕的事情，更何况是如此复杂的问题，"我也在想，如何找到一个适合当地的模式，调动起村民种树的积极性，同时也能获取经济上的收益，毕竟这对他们来说也很重要。"严斌的牵挂显得那么深刻。如果不是2008年报名参加了这次活动，平时负责市场渠道工作的他可能不会把自己和内蒙古偏远的一个村庄联系在一起。

浇水与传水之间

当回忆起劳动时的难忘场景，有人会饶有兴致地说起第一次坐着拖拉机如何一路"颠簸"到达沙漠；或是同你娓娓道来在为杨树剪枝时，耳边的风吹动起树叶的沙沙声，"在那个时候，你的心顿时感觉像天一样的湛蓝"；也有人会提起斋藤、北浦、大龙这三位性格迥异的"种树老师"……但几乎所有中方志愿者都会提到一件事：给树苗浇水。

将树苗放进事先挖好的坑洞，填上沙土并踩实之后，就该为它们浇水了。这里的浇水并不像我们平常那样每个人提一桶水自己往返接水浇，而是需要大家在陇边整齐地一字排开，一个挨一个地将水桶传至离树苗最近的志愿者手上而后倒出，这样才算完成一次为树苗浇水的动作。这意味着，志愿者们在绝大多数时间里并不总是在"浇水"而是在"传水"，对中国志愿者来说，这种合作浇水的方式还是第一次体验，的确非常难忘。

对于排人龙合作浇水这种方式，也曾有志愿者提出异议，觉得效率并不高。其实，运水不仅仅是为了浇灌树苗，这背后有着北浦的一片用心。"我希望大家通过这个环节能够感受到人活在这个世界上，不仅仅是靠一个人的力量，而是要互相支持、彼此合作。地球环境的保护也一样，需要靠大家的力量。"

每次劳动，北浦总是在一旁观察着志愿者，不像大龙那样习惯于细致地教大家怎么做，他话虽不多，但像个精神领袖一般陪伴着大家。"酷酷的"——是志愿者们

叶剑薇　严　斌　包斯琴
陆铮刚　邓　菲
沈建国　郭春花　陶秋强
管颖杰　刘剑丽

提到北浦时,使用得最多的词。对此,大龙说,一开始他也觉得用语言告诉志愿者们怎么种树、谈论环保最为直接,但是时间久了,反而觉得不如让志愿者自己用行动去领悟。难怪,当北浦被要求用简单的语句写下他对沙漠绿化的感受时,他只在白纸上利落地写下一个字——"无"。

当行动代替了语言,并不意味着内容会有缺失,"通过自己的内心去领悟"听起来颇有禅意,但这样的体会往往来得更为扎实,因为在志愿者们手中传递的不是水桶,而是在传递人与人之间的情感。这样一条沙漠中流动的绿色纽带,不仅为新栽下的树苗送去了生命之水,也在每个志愿者的心里留下了深刻的烙印,让他们体会着集体劳动的快乐。

"因为是接力式地从前往后"传水"、从后往前"浇水",所以队伍中离出水口最近的志愿者通常是无法停下来的,而且水桶一开始也最满、最沉。传水的时候,我想挑战自己,尽量能往前站。"当刘剑丽在富士胶片(中国)上海总部办公室回忆起接力传水的情景时,语气里依然充满着干劲。"排在我前面的是五位日本同事,他们非常地拼命,比我还努力",尽管最终没能"抢"到传水的第一个位置,但因为还是处于队伍的前端,所以刘剑丽也在挑战自己的极限,"当时感觉自己的胳膊都要断了,可看到所有人这么团结一致,没有一个人中途退出,那我也必须坚持。最后我战胜了自己,觉得很满足,也为大家感到自豪。我们一共49名志愿者,为1600棵树苗浇了水。"

刘剑丽是富士胶片光电(天津)有限公司的一名员工。一直以来,刘剑丽都对志愿者这个身份充满着崇敬和向往之情,在她的字典里,志愿者代表着"奉献"两个字,"不计较个人得失,努力地付出,然后去品尝奉献后的喜悦",她甚至把志愿者视为一个高尚的职业。而在2011年7月31日至8月4日这五天的时间里,刘剑丽和同伴们顶着沙漠中的烈日、忍着风沙刮在脸上的疼痛,用努力和坚持为"志愿者"三个字添上了自己的注脚。来上海接受采访的那天,恰好是女儿十三岁的生日。采访结束后,她还要去精心挑选一份生日礼物，弥补一下女儿。

刘剑丽说，如果身体允许她很想每年都参加活动，甚至还想带自己的女儿一起参加。像刘剑丽这样为人父母的志愿者并不在少数，家人的理解和支持同样重要。或许是因为肩上多了一份对未来的责任，沙漠之行对于他们有了更深刻的意义，保护环境是为了地球的未来，更关系到孩子们能否有一个健康的成长环境。

虽然劳动本是一件很枯燥的事，但也能体会到很多快乐。由于志愿者们来自中日两国，起初大家还担心语言会不会成为沟通障碍，但人类共同的语言——音乐在活动中就成了彼此交流的一把钥匙。刘剑丽说，在劳动休息的片刻、前往植树的路途中，歌声时常会围绕着大家，有时唱歌是为了调节气氛、放松心情，而在关键时刻，歌声也能鼓舞大家的劳动士气。

在众多志愿者中，来自富士胶片（中国）投资有限公司的包斯琴是比较"特殊"的一位，植树地点通辽就是她的家乡。飞机、大巴再加上拖拉机把志愿者们从上海、北京、广州、深圳、成都等各地带到内蒙古展开绿化行动，但对蒙古族的女儿包斯琴而言，这是一趟有别于春节回家的路途——不是单纯地看望住在镇上的父母，而是参与公司的志愿者活动，从上海回到儿时的村庄，在原本不是沙漠的土地上种树，这对于她而言又多了一些有别于其他志愿者的意义。

2002年到2004年那会儿，我还是一名日语导游，在包头那边的库布齐沙漠带一些日本的植树团。当时就在想，要是什么时候能回老家种树该多好！没想到，我在上海公司工作期间竟然有机会实现了这个愿望，想想自己栽的松树苗已经3岁了，不知道它现在长高了多少呢？

"我还记得小的时候，村子里有很多又高又直的杨树，喜鹊也会在树上筑巢搭窝。野外还有很多野杏树，到了秋天，村民摘了杏，将杏仁拿去卖钱，一摘就是好几个麻袋，夏天的时候大伙儿割黄麻去卖，好热闹。现在，杏树、山楂树都已经很难见到了，村子里高大的杨树更是没有了，被砍了变成盖房屋的木材、生火的火

柴，而土地沙化也越来越严重，仿佛陷入了一个怪圈。虽然当地很早就开始重视起植树固沙，但是通常树种下去以后就落入无人看护的境地，这和绿化网络大龙他们的做法很不一样，他们更关心树的存活率，会找到护林员看管好志愿者付出的劳动，也带动起村民的力量。

"去年回家过年，听说村子周围已经有很多风力发电设施投入在使用了，这真是一个好消息！如此一来，村民就不需要去砍柴生火，那么我们种下的树就能更好地存活下来。新能源的利用解决了村民日常生活的需要，我想环境应该很快就会好起来，再加上政府已经禁止过度放牧，限制了每人养牛养羊的数量，沙化的问题估计就能慢慢得到解决。

"回想起老家过去优美的自然环境、村民们自得其乐的生活，现在的我们是不是太过于追求物质了呢？现在的村民跟以前也不一样了，进城打工看过花花绿绿的繁华世界，有了摩托车还想着买辆小轿车、有了小轿车还想着怎么换辆更好的……而留在城市工作的我们，也已经习惯了物质的生活，不知不觉离自然越来越远，快要忘了在枝头筑巢的喜鹊……"

这位蒙古姑娘在故乡的土地上栽种下心中的愿望，兑现了对家乡的一份责任，而大漠中隐隐的绿色则凝聚了志愿者们的希望。在经历过汗水与劳作之后，大家都或多或少从种树的过程中获得了自己想要的答案，很多人在不知不觉中回到了精神的故乡，为自己的心灵土壤栽种下了一棵树苗，去追寻心中的那份绿意……

参加种树活动的纪念品一直被曹伟珍藏着

第二节　去沙漠修地球的"外援"

　　从2007年开始，沙漠种树的志愿者队伍里多了几个身影，他们并不是富士胶片的员工、带着各自不同的身份来到通辽的科尔沁沙漠。但在队伍里，其实你似乎也分辨不出他们有什么不同，穿着同样的劳动服，和富士胶片的公司志愿者打成一片，在沙漠的烈日下一样地奋力挥汗、卖力干活。

　　若离开沙漠，回归日常的生活，他们是大学生、普通的退休职工、媒体记者、公益机构的工作人员……但在种树那一周左右的时间里，每个人转换角色，换上劳作手套、拿起铲子，带着自己的能量来到通辽。在这个意义上，去沙漠种树已经不仅仅局限于富士胶片内部，而是延伸为一个平台，如同一次种树修地球的同学聚会，聚集起不同背景的人们，而劳动将同学们紧紧地维系在一起，不分天南地北、也无论你平时的职业是什么，去到广袤的远方，为沙漠栽一棵树苗，为了地球的未来，也是为自己……

与种树有关的"间隔月"

　　如果不是凭着自己种树时的努力表现和积极沟通，说服绿化网络的工作人员允许自己继续留在通辽，曹伟就会和其他志愿者一样，在结束了七天的植树志愿者行动后，很快又回到熟悉的生活环境继续原来的步调，把对沙漠的那份牵挂留在心底。也因为在通辽多待了一段时间，曹伟第一次在炕上吃到了有名的东北蘸酱菜，见识了东北汉子的酒量，这一切对于一个南方的年轻人来说是那么新鲜。

志愿者主动提出希望可以多留一段时间参与植树其他方面的工作，对于绿化网络，也是头一遭。曹伟的意愿和诚意打动了绿化网络，整个8月他都在通辽度过，直到大三新学期临近，他才回到安徽，继续自己的校园生活。而这一个月，曹伟从最初一名富士胶片公司募集的社会志愿者，从参与者逐渐变成了　名组织者，深入绿化网络的工作，带领着其他公司的志愿者队伍在沙漠种树。在这个过程中，他也和当地的村民打上了交道。

　　如今面对通辽，曹伟不会如以前那样理所当然地以为这里是一片"风吹草低见牛羊"的景象，通辽的过去在他心里是一部活生生的历史，而现状则是他某个阶段生活的一部分，那是为同龄人所羡慕的一段经历。在那里，象牙塔里的大学生突然接触到了平日生活中不会面对的人群，而在和他们的交往中去观察、思考、学习、成长，颇有点"间隔月"的意思。

　　在西方，年轻人有着"间隔年"的传统，西方国家的青年会在升学或者毕业之后工作之前，做一次长时间的旅行（通常是一年），让学生在步入社会之前体验与自己生活的社会环境不同的生活方式。在间隔年期间，学生离开自己的国家旅行，通常也适当做一些与自己专业相关的工作或者一些非政府组织的志愿者工作，增进对自我的了解，也为自己的未来找到更多的可能性。

　　如今，曹伟已经读完大四顺利毕业，在北京找到了一份工作。说起更长远的未来，曹伟想把自己的精力投入到做志愿者的工作上，"志愿者个人的力量的确是微薄的，也改变不了什么，但是如果能有这样一群人的存在，可以让更多人认识到我们需要去改变一些问题、需要付出行动去改变，如果这一点能让其他人有所感悟，会比志愿者个体行为本身有着更大的意义。"这是曹伟对志愿者的注脚，也是对那一个月生活的最好总结。

　　过去，曹伟对富士胶片的认识只是停留在数码相机产品上，凭着这点印象他在网上报名了富士胶片选拔社会志愿者去内蒙植树的活动，而之后发生的一切，都在

蒋 铮　吴琪君
曹 伟
姚慕春

2010年年轻的社会志愿者们

曹伟的意料之外，他更不会想到，一次种树之旅让自己与千里之外的内蒙结下了如此美好的缘分。

2010年的5月，曹伟的大二生活即将进入尾声。已经过半的大学生活，意味着学生已经脱去了新鲜人的稚嫩，迈向思考未来人生的新阶段，虽然未来的路还不是那么清晰，但也暂时不用急着去面对就业的压力。何不趁着这个即将到来的暑假去做一些不同于校园生活的事情呢？正是带着这样的想法，曹伟最终通过了线上和线下的一系列选拔流程，加入了这支暑期去内蒙古种树的志愿者队伍。

"5月底我在网上报了名，6月15日进入初步的筛选，递交了一些个人材料，7月5日我得知自己入选了决赛。"曹伟至今还记得两年前接到决赛通知电话的那个下午，"当时很想在宿舍的阳台上吼一嗓子！"这通电话把曹伟从安徽带到了上海，与另外五位志愿者候选人汇合后，将在上海展开最后的角逐，争取前往通辽种树的三个外部志愿者名额。

曹伟是幸运的，通过自己的努力，成为了那一年志愿者队伍中年龄最小的一位。与其他志愿者不同的是，选拔出的这三位大学生志愿者，并不直接前往通辽，而是要从上海出发，途经南京、济南、北京三座城市，最后从北京到达通辽。如同移动的马戏团，每经过一座城市，都做短暂的停留，给城市带去欢乐，让人们拾起生活的希望，只不过这三位使者带去的是洋溢着绿色的希望和快乐。

一路上，志愿者们除了向路人介绍植树护林的环保知识，在每一座城市他们还带着不同的任务：在济南街头每人要向路人派发出150株树苗，而到了最后一站北京需要给这座城市派发150个小盆栽，同时还要征集市民的环保签名……曹伟说，留给他印象最深的，是济南的一位老大爷。当曹伟向这位好奇观望的老大爷介绍起此活动的意义，并且说明最终会有一支队伍前往内蒙植树防沙后，老大爷说了一句"我支持你们"！虽然当时他尚不清楚在通辽种树究竟会是一番什么样的景象，但就是这样一句简单质朴的话语让曹伟明白，这一路上作为一个绿色使者的意义，"虽然也会有人不理解或者冷眼旁观，但还是要尽自己所能去解释这个活动的意义。"

　　到达内蒙古后，曹伟随富士胶片公司的志愿者团队一起种树，待公司的部队按期返回的时候，曹伟申请能再多留一段时间，参与绿化网络的工作，以尽个人能力种更多的树。从富士胶片的志愿者队伍中的一员成为当地NPO的一名临时工作人员，这一个月的烙印已经深深地刻在了曹伟的身上，带领他走向未来的是种树得来的信念和那份坚持。

赠人玫瑰，手有余香

　　如果说，内蒙之旅对曹伟这样的在校大学生是一扇窗，为年轻人开启了另一片天地，那么对于本身就在公益机构工作的吴琪君来说，这种角色上的转换就显得更有意义。吴琪君平时的工作就是和志愿者打交道，负责志愿者的组织工作，为每一次志愿者活动设计流程、照顾好每一个细节。而在通辽，每天在绿化网络的安排下，井井有条地在沙漠里头干活，全身心地投入，也算是一种难得的放松，"当我作为一个志愿者去参加的时候，才可以更加深入地去体会这项活动，它的内容和意义到底是什么。"

　　当队伍中一位40多岁的日本志愿者，找到了她和同伴们在五六年前栽下的松树林，而原本二三十公分的松树如今已经齐腰高了，吴琪君从她欣慰的表情里找到了种树的意义，"看到了效果，就会有一个直接的冲击。所以真的要开始去做，并且长时间地坚持，慢慢就会产生变化，然后形成一个好的影响。"

　　在通辽做了七天的志愿者，吴琪君发现志愿者并不是一直在帮助别人，其实自己也在收获，好比在沙漠中植树，劳动的技能和植树治沙的环境知识多少都有所长进——当然这也得归功于一支专业的NPO队伍，"所以身为志愿者也应该要珍惜这个角色，更积极地去配合主办方。"过去，吴琪君觉得开口拒绝好心来帮忙的志愿者是件很为难的事，"现在两种角色都体验之后，其中蕴含的意义就会想得更

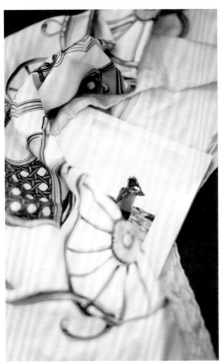

种树的经历让记者蒋铮的环境感悟愈发深刻

清楚一些。"或许是因为本身在公益机构工作的原因，除了和大家一样投入在劳动中，种树之旅也在不知不觉中也给吴琪君上了一堂志愿者工作的培训课，也不失为一次"福利"。

而身为记者的蒋铮，回想起2009年那几天在通辽的日子时，拥有的都是淡淡的回忆。并没有刻意地记住些什么，但是一回想起来，却是满脑子的细节。细节之一是打草方格时每人一副的劳防手套，防滑质量不错，活动结束后蒋铮把这副手套给了报社里的内勤人员，因为派发报纸同样是件又脏又累的活，于是这副手套在从内蒙飞到广州后的半年里，不仅在沙漠中吹过风沙植过树、还在城市里派送过报纸，也算是经历丰富了。劳动过程中，蒋铮很享受中午的林地休息时光，每个人可以找一棵树这么随意地一靠，坐一会或者躺一会。丝丝和着绿叶香的凉风从脸庞掠过，在那种宁静里如能睡着，是另一种安乐，注重养生的蒋铮乐于感受这种身体的直接感知。

这样的细节勾勒出的是很私人的记忆，那次受富士胶片公司的邀请去内蒙，蒋铮压根就没把这当做出差，而是出于个人的好奇，内蒙古应该是草丰水美的地方，怎么需要种树呢？于是就跟着去了。现在，要是有人跟蒋铮聊起内蒙古，她会告诉对方，那儿除了草原，还有一片很大的沙漠。三年前的到访改变了蒋铮过去对内蒙古简单的一面性了解，正是因为亲历过沙漠的残酷，让她严肃地意识到每个人对环境都是有责任的。

回来后，蒋铮很自然地扩大了报道选题的范围，潜移默化中增加了对NPO和志愿者的亲近感，去关注这样的群体和组织，并且用更温情的角度去观察，因为在内蒙的那片沙漠里，有一个NPO多年的坚持，和一群如此可爱的志愿者在沙漠里快乐地耕耘着……

这些外援们带着自己微薄的力量汇入这支志愿者队伍，在离开时也为自己带去了一些值得留存的东西，就如同志愿者这个身份本身，当你真正投入在其中，其实得到的远比你付出的要多。

志愿者（中方）语录

邓 菲 2007年公司志愿者，富士胶片（中国）投资有限公司（成都分公司）

"在沙漠种树的每一天、每一件事情都会给我很深刻的感受。其中有一天，我们要给小树苗浇水。我们从沙地上很远的地方，打一个取水的井，用水泵把水抽出来，然后用管子倒在桶里，我们排成一排，把这个桶一个个传递下去，传递到小树苗种植的位置，再进行浇水。当时中方员工和日方员工是混合在一起的，大家在传递水桶的过程中，互相加油鼓劲，这已经是跨国界的合作了，这一幕让我很感动。"

刘剑丽 2011年、2012年、2013年关联公司志愿者，富士胶片光电（天津）有限公司

"我觉得沙漠植树和人生是一样的道理，环境越恶劣，我们越要去想方设法去改善，无论多大的困难，只要我们勇于面对，没有什么克服不了的，我当时就这么想的。"

郭春花 2010年关联公司志愿者，富士胶片印版有限公司

"那里的马儿都很瘦，它们不是奔跑在草原上，马蹄陷在沙漠里缓慢地前行，觉得很心疼。"

吴琪君 2011年社会志愿者，JA中国

"我一直觉得环保是一个理念，但是它是跟你的生活紧密结合的。当你在做出一些决定的时候，它会影响你，但并不是说因为环保我就会要影响我的生活质量，或者为了环保而环保。所以我想借这样一次机会，亲身能够去体验一下，不管最后种下几棵树，关键是去看一看到底是哪些东西让人在发生变化。"

史咏华 2006年中方首个志愿者、2008年中方志愿队队长、2010年、2011年、2012年志愿队员,富士胶片(中国)投资有限公司

"这么多年我参加了很多次绿化网络植树的活动,在潜移默化当中对于个人的环保理念,是有所促进的。我们会经常把地球比喻为地球妈妈,在整个太阳系中目前只有地球能支撑生物系统的发展和平衡,那么在感谢它的同时,能够减少一点对它的伤害,多做一点对它的爱护工作。"

詹军荣 2007年中方志愿队队长、2008年后方筹备、2009年中方志愿队队长、2010年、2012年志愿队员,富士胶片(中国)投资有限公司

"对于自己在这个活动当中能起到多大的作用,刚开始觉得还是有些怀疑。毕竟沙漠很大,个人很小。但后来,在这样一个比较好的团队协作的工作过程中,感觉到如果说每个人不凭着自己力量去做一些力所能及的事情,那这个世界不会有任何的改变……随着每一年绿化成果的推进,我们到达指定的劳动点要走更多的路,花更多的时间。可能路途显得更疲惫一些,但正说明因为有了众多志愿者的加入,为沙漠绿化做了一些力所能及的事情。"

姚慕春 2011年社会志愿者,摄影师

"我用镜头记录他们,对我个人来说也是一笔财富。对于沙漠,也比过去了解更多,看到草方格里长出一丝丝的绿,感觉并不是那么的绝望。"

叶剑薇 2009年公司志愿者,富士胶片(中国)投资有限公司

"离开上海对我来说多少都会有些不适应,特别又是去沙漠劳动,但也做好了心理准备。虽然有些'受苦',还是非常值得的。像科尔沁这种地方,它过去在中国历史上是这么有名的一个草原，现在因为人为的原因变成了沙漠，是非常可惜的。作为一个中国人，我们有这个责任，把当时被人为破坏的东西，再复原起来。"

包斯琴 2009年公司志愿者，富士胶片（中国）投资有限公司

"作为通辽人，我非常感激绿化网络。老家的乡亲们对沙化带来的困境也有深刻的感受，没有地可种，放牧也没有草场，但也没有太多的意识和能力去解脱这个困境，即使有想去种树的想法，但个人的力量毕竟薄弱，就会希望依赖政府的力量。绿化网络恰好带动了民间的力量，不要只是依赖政府，应该把两方的力量结合起来效果会更好。"

陶秋强 2008年关联公司志愿者，现任职于富士胶片（中国）投资有限公司

"绿化网络的大龙给我的印象是很朴实、做事情非常执着。相比起我们仅仅是一点点的小力量，他作为一个主导者、作为我们的引路人，他能够一直坚持下来，我对他很敬佩。"

曹 伟 2010年社会选拔志愿者，大学生

"我的同学非常羡慕我可以有这样的机会去了解内蒙古。如果你没有去到那边，没有深入地了解一些人、一些事的时候，你的认知都只是主观的。现在我对通辽的过去和如今造成环境问题的原因，会有一个比较理性的判断。"

严 斌 2008年公司志愿者，富士胶片（中国）投资有限公司

"那里沙化得非常厉害，整一片的沙子，这和我想象中还是有一定距离的。通辽离沈阳还是很近的，我没有想到沙子会离城市这么近，环境的问题会这么严重。"

陆铮刚　2008年公司志愿者, 富士胶片 (中国) 投资有限公司

"日方的志愿者非常地认真, 当大龙告诉我们如何种树、要注意哪些问题时, 他们会很认真地做笔记, 一条一条记录下来, 然后在实践当中再去验证每一条做得是否正确。后来我在工作当中也运用了这样一种方法: 计划、执行、检查、提高。"

蒋铮　2009年媒体志愿者, 记者

"和十年前相比, 志愿者正慢慢变得主流, 到现在已经是一个比较大的群体了, 所以我相信是往好的方向在发展。随着经济的发展, 大家会更有实力、更有空间去改善自己的环境。"

沈建国　2011年中方志愿队队长, 富士胶片 (中国) 投资有限公司

"初到沙漠就是震撼的感觉, 回来以后脑子里经常会浮现沙漠的场景, 所以会很自觉地去节水、节电, 用过的水也会循环使用, 很自然地就养成了这样的习惯。"

管颖杰　2010年公司志愿者, 富士胶片 (中国) 投资有限公司

"第一天大龙带着我们认识沙漠, 后面是草原, 前面就是沙地, 我们正好在黄绿交接的地方, 吹在脸上的风还带着沙粒, 很揪心。在那里种树, 不是在土里, 而是在沙子里挖开一个洞把树苗种下去, 这跟在城市里种一棵树是非常不一样的。"

第八章

人进沙退

我没一飞冲天的鹏翼，
只扬起沉默忐忑的触角
一分一寸忍耐的向前挪走：
我是蜗牛。

——周梦蝶，《蜗牛》

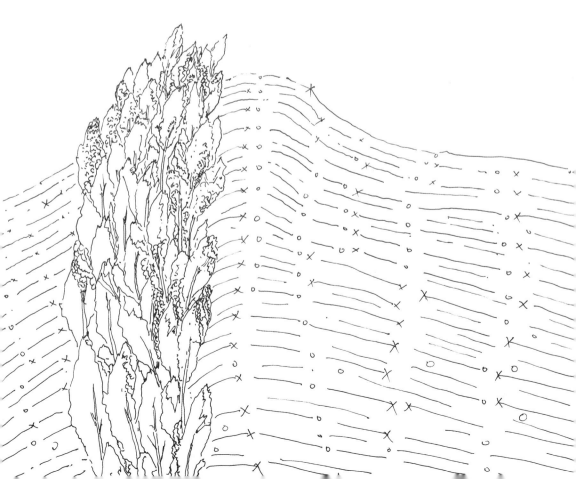

第一节　为自己的选择负责

哪怕对富士胶片沙漠绿化团队中那些上了年纪的日本志愿者来说，绿化网络三名创业者的事业抉择也是令人钦佩的。

另一条路

在日本，一名年轻人最顺当的职业归宿是在名牌大学毕业后，进入一流大公司，一路安份守己地奋斗，直至退休。相比起中国的年轻白领，日本白领对组织和职业的忠诚度更高，也更甘于做一些分工更细、看似并不起眼的"小工种"。很多人辛苦地奔忙，每天花两三个小时从远在横滨、箱根，甚至更偏僻一些的小镇一路辗转地铁来到东京工作，晚上再赶末班车回家，这已成为一种常态。那种每天只睡四五个小时，却始终保持热情和严谨的工作文化，几乎成为每个职场人血液中的DNA。

也许正是因为这种反差——看着NPO绿化网络的斋藤、北浦、大龙，将个人的兴趣爱好与职业发展相联系，进而选择自己喜欢的生活，这种"为自己而活"的状态同时也能帮助到他人，这种"简单"的理想主义奋斗竟然演变成了高级白领眼中的奢望。这是实实在在的草根创业，这种情怀上的感染力也是日本人更为看重的。

可是，对于绿化网络的三名创立者来说，NPO的成长并非一帆风顺。按照他们的话来说："每个人都要为自己的职业选择负责，一旦做出了投身种树事业的决定，就必须坚持下去。"

就拿绿化网络现任事务局长的北浦喜夫来说，谁能想到如今奔忙于公益事业的他，早年竟置身于日本政坛。相比大龙的朴实本色，北浦仿佛是另一个世界的人：高大帅气、兴趣广泛、擅于言辞。"给我的第一个印象，北浦是个很聪明的人，他的观察能力非常强。他会观察到每一个人的脸部表情，以及表情所代表的内心世界，然后在第一时间做出反应。这可能是他天生的，也是他具备的与人互动的能力，这是他的优点。"绿化网络在通辽的本地同事包新春如此评价。

在绿化网络位于横滨市一间不大的办公室内，陈列着北浦热爱的漫画书，还有一套专业的吉他演奏音响设备。此外，他也是自行车运动的爱好者，尽管NPO工作的收入不多，但北浦还是花了35万日元购置了专业的比赛用车。每天，他都会穿着一身火红的赛车手装备，骑行一个小时前来上班。很难想象这样一名性情中人，竟然做着绿化网络"管家"的工作。

如今，除了大龙在内蒙古现地具体负责的绿化工作，绿化网络其他事务，基本由北浦这个"事务局长"一人完成。"跟一线没有直接相关的工作是我在处理，包括新增款项的管理、事业·预算规划、财务报告、捐赠人名单的管理、网站建设、企业刊物的制作·印刷·发行、公演活动，旅行活动企划、以及带团等等。此外，虽说一线的事情是交给当地的事务所管理的，但是我也一直关注着，特别是绿化活动策划、财务、员工教育、人事评价等工作。关于现地活动具体的研修、预算制作、大量资金的使用等，我在日本也要负责计划。"北浦的工作显得多而杂。

"做绿化网络的工作，一开始就不是奔着追求安定的生活或经济上的富余而来，所以得不到也理所应当。最大的收获是做这件的价值吧。做自己想做的事情，当然也就很快乐，很自由。"在谈及事业的选择，北浦如此回应道。

对北浦来说，最难的问题还是组织运营，除此之外，因为组织结构小，临时性的工作随时都会插进来，影响到"常规工作"的时间安排。其中，募集捐赠金非常艰辛，但可喜的是，截至目前，在绿化网络的主要合作伙伴中，除了富士胶片之外，还

以不受束缚的方式本真地活着，这就是北浦喜夫

有户外运动品牌Timberland、日立、小松机械等也参与了进来，在中国也有不少积极参与的知名企业。北浦每年需预留出10次左右赴中国绿化一线的行程，共计3个月左右，所以那些公开演讲宣传的计划，也都要提前安排好。

授人以鱼，不如授人以渔

回顾绿化网络创立之初，如果说斋藤、大龙的选择更多出于对种树事业的单纯热爱，而北浦可能需要考虑、权衡的内容要更多一些。

早在1999年9月决定成立绿化网络以后，北浦坐着长途火车到新的种树目的地甘旗卡做了一次考察。相比当时三人所属的另外一个绿化团体的活动所在地库布齐，甘旗卡的气候条件更好，可以种植更多种类的树木，当地政府也比较理解日本人来从事绿化活动，但最重要的是他们本身也有这样的愿望。之后北浦就迅速和在日本等待他消息的伙伴对甘旗卡做了第二次实地访问。但是，当地村民对于绿化的态度则是截然不同，他们对外来人员怀着戒备之心，对日本人也存在不信任感。到了当地，北浦他们才了解到完全实施自治的村子独立性很强，单单只是和市政府交流，绿化工作还难以推进。"当初根本没有想到会要和一个个村子的每一位村民进行沟通，取得理解，并达成合作协议。当知道这件事是必须做的时候，我错愕了。"北浦这样回忆道。"在无法取得村民理解的村子里，也发生过刚种下的树苗就被参与种树村民们的羊吃掉了的事情。"

授人以鱼，不如授人以渔。唯有让村民实实在在地看到种树所能带给大家的利益，这项事业才能在当地真正地生根发芽。"最重要的就是农民能够自发地种树。"北浦说。2005年的时候，为了调动大家的积极性，绿化网络曾做了非常多的教育工作，给村民们看照片——种树前是这样的，种完后又是那样的。如果养牛的话，经过绿化改造的地区，以前养1头牛的地方就可以养10头牛了……虽然很努力地去做了很多诸如此类的教育工作，但丝毫不见村民的态度有所改善。大家都赞成绿化，并且认同这是件好事，但如果绿化产生的经济利益不属于自己，村民们谁也不会举手说我们去种树吧。农民们可不是理想主义者，而是现实主义者。

村民们观望的态度持续了几年，等看到绿化网络进行沙化治理的地方可以产生实际的经济利益，先参与进来的村民年收入增加了，大家才感受到绿化活动的魅力。之后事情开始有了转机，持旁观态度的农民以及附近的村子开始对活动产生了兴趣。"人的意识不会忽然发生转变，但当看到绿化的面积越来越大，我们也越来越有信心，相信这个会给农民带来利益。随着时间的推移，对于绿化活动和绿化网络，当地村民的想法和态度发生了很大的转变，开始理解种树的意义了。"为此，北浦算了一笔账：根据土地的不同，经济回报产生的时间也不同，一般是10年左右产生经济利益，快的地方可能5年就能实现显而易见的收益了。绿化作物增加后，可以作为家畜的饲料，可以当燃料和肥料使用。修剪下来的松树枝也非常可观，有些村子甚至因此节约一个冬天的燃料费用。经过防风处理的土地沙化情况得到了改善，种植其他粮食作物也就有了希望。如此一来，绿化成果得以保存，农民收入也有所增加，实现了双赢。

然而，由于很多地方沙地也属于农村的共有地，不属于个人财产，一旦农民在这里种上苗木，就可能面临两种分配方式，一种是公社公有，收益不会分配给个人。因为不属于任何人，也就没有人管理；另一种情况，在完成栽种后，直接将土地使用权分配给了村民，告诉村民："从这棵树到那棵树是属于你的，上面产生的所有东西都归你，所以请好好维护和管理。"在北浦看来，现阶段的意义并不是让当地村民理解绿化本身的意义，而是让他们知道只要努力绿化，自己也会有收益。然后就是如何说服当地的政府与村民建立长效的管理机制。这一点需要花费更多的时间和精力，从某种意义上说也是绿化中最难的部分。

　　譬如：当地缺乏循环再生的概念认知，绿化网络需要教会他们什么是可持续发展。另一方面，当地人和政府也会认为，既然种树能治理沙化，那为什么这么大片的土地不全部种树呢？对此，北浦也反复强调科学种树的逻辑。"很多人并没有意识到一个地区的地下水储量是有限的，这些水能够养活的树木和草的数量也是有限的。栽种太多可能会引起水源供应不足最终全部死掉。而且倘若把钱都花在种树一件事上，后期的管理就很难跟上。比较合理的做法是，先建造围栏，种一小批树，然后浇水、除草，好好培育。围栏的修葺和管理也很有必要。一个长效的管理机制非常重要。"

　　而作为提供种树服务的第三方公益组织，企业与农民在某种程度都需要NPO的不断引导。两者在看待种树这件事上的共同出发点都是投资回报率。"同样花一万日元，大家都希望多种树，可实际上这只是种不是养。种得太多，反而会导致发育不良，收益下滑。"绿化网络的事业发展到今天，不止一次回归到原点。那就是通过人类的经济活动从沙漠化手中夺回绿色，促进当地居民的自立自援，自发地开展绿化活动。另外还要在全世界范围内呼吁更广泛人群的参与。这个就是组织成立的目的。先做起来，再朝着这个原点不断修正自己的路线。因此，相比教会村民自己种树，树木的管理方式和如何可持续利用，是绿化网络的主要工作目标。

大龙隆司以一口内蒙普通话与当地村民打得火热

第二节　"小家"与"大家"

　　每年夏天大龙隆司都要回国一次办理签证，但是2006年那次回国可能是大龙最忐忑的一次了。那一年他有了女朋友并打算订婚了！当他把自己的想法告诉家人时，家里人吓了一跳。

　　大龙是家里的长子。按照日本的传统，长子有责任照顾父母和祖坟，所以一般来说，日本父母都会希望家中的长子早早结婚生子，承担起长子的责任。但对于大龙的父母来说，这位长子跑到一个遥远的地方种树，而且一呆就好几年，看起来已经习惯了那边的生活。时间长了，父母就想："这个长子可能不会回来了吧，也可能结不了婚吧。"幸好家中还有一个小儿子，也就是大龙的弟弟，大学毕业后，弟弟就像大部分同龄人那样，在一家公司找到了一份工作。于是，父母就把全部希望放在了老二身上，因此在中国种树的大龙也觉得身上的担子轻了许多。

　　但是，当家里人猛地听到大龙要结婚的事情，还是着实吃了一惊——这个儿子居然要结婚了！而更让大龙家人吃惊的是，新娘还是一位中国姑娘。他们先对大龙说："恭喜恭喜，你也会结婚呀！"随后家里人就表示出对结婚对象的担忧。

　　原来，大龙的家里人通过日本媒体知道了不少关于中国姑娘为了获得日本签证和国籍而骗婚的负面报道，担心自己家里这个老实孩子是不是也被骗了。而在一海之隔的内蒙古，这位中国女孩的父母同样忧心忡忡，担心万一自己女儿被这个外国骗子，带到外国卖了怎么办？于是，为了消除双方父母的疑虑，大龙安排父母坐上了前往中国的飞机。临行前，大龙的父母对大龙说道："不是我们不相信你，还是先来看看吧。"

飞机降落，大龙的父母未曾想过久违的"海外旅行"竟然是中国通辽。当亲眼看到大龙口中的结婚对象屠兴卫和她质朴的一家人时，大龙的父母才放下心来，看来自己儿子并非被恋爱冲昏了头脑、一时冲动做了结婚的决定；而面对特地从日本远道而来的大龙父母，屠兴卫的父母也安了心，欣然接纳了这位日本女婿。

田螺姑娘

在沙漠里种树的大龙怎么会和一位中国姑娘好上了呢？这还要从绿化网络刚刚来到甘旗卡的时候说起。当时，为了解决大龙和斋藤的吃饭问题，为了让这两个种树壮劳力能腾出更多时间去种树，绿化网络决定请一个当地的姑娘来做饭。这个姑娘为他们做了两年饭之后，嫁人结婚了，也就把这份工作辞了。2003年，一个名叫屠兴卫的年轻姑娘接手了这份工作。

和大龙一样，屠兴卫也是一个遇见生人有些腼腆的人。一开始见到斋藤和大龙，她几乎就不怎么说话，笑一笑就算打了招呼。每天早上，她总是准时来到他们住的地方，静静的一个人，开始忙乎起早饭的事情，7点半准时开饭。

偶尔，大龙要上通辽市区办点事，就会联系屠兴卫，告诉她饭不用做了，两个人这才会正式说上几句话。渐渐的，两人也算熟起来了。每天晚上干完活回来，大龙常常饥肠辘辘，就会在开饭前到处找，"有没有剩菜剩饭？"他问在一旁做饭的屠兴卫。"自己去热一下吧。"屠兴卫微笑着看着这个有些孩子气的年轻人，指指一旁的饭菜。大龙打开一瓶酒，那时候的酒一瓶才1块5毛钱。斋藤不喝酒，大龙一个人先就着剩菜喝起来，一边和身边做饭的屠兴卫聊聊天，觉得心满意足。等到屠兴卫把饭做完，斋藤就会加入进来，一起和大龙吃晚饭。

"那时候的日子，条件没有现在好，上网、玩的地方也没有，但那会的幸福和现在的幸福有点不一样。那个时候，每天早出晚归去劳动，今天剪枝，几天之后做完了，就去打草方格，每天的工作都能看到结果，不像我现在很多的工作是使用电脑的，没有那样直观的结果。因为天天干农活，那时身体也比现在健康，吃好、喝好、干好、睡得香。"回想起那段日子，大龙笑了起来，他想起2000年那会儿买了个摩托罗拉手机，每次要打电话的时候，房间里没信号，就跑到外面高一点的地方开始拨手机。如果外面刮风，信号被干扰没法沟通的话，有时候为了打个电话或上个网，就跑几十公里去通辽市里。

简单而满足的生活，让大龙觉得日子过得很安定。每天出门种树，干活的时候用越来越顺畅的中文和护林员韩雨他们聊聊天，回到家中，"田螺姑娘"已经静静地在那里做饭了。大龙并不知道"田螺姑娘"这个中国传说——一个心地善良的田螺姑娘每天都悄悄地为一个勤劳的年轻人做饭，最后两个人结为夫妻，过上了幸福的生活。不知从何时起，村里人偶尔就会看到大龙和屠兴卫两个人在乡间小道上一起散着步。就像"田螺姑娘"的故事那样，这两个人也在做饭和吃饭之间日久生情。

不过，尽管大龙的"田螺姑娘"已经芳心暗许，但大龙还得面临一个考验：就是如何获得姑娘父母的许可，正式将她娶进门。屠兴卫家兄弟姐妹5个，她排行老四。为了说服她家里人，大龙采取了兄弟姐妹各个击破策略。"先是妹妹知道了，然后二姐知道了，然后大姐和哥哥也都知道了。"通情达理的兄弟姐妹被大龙的诚意打动，都很支持这段跨国婚姻。最后一关就是屠兴卫的父母，在向老丈人提亲时，大龙紧张得手心都是汗，"她爸爸是个很严肃的人，我那天去之前练习了很多遍，可到了她家，话还是没讲利索。"

虽然话没讲利索，但老实憨厚的大龙还是得到了老人家的祝福。2007年，在双方家人的见证下，按照蒙古族的习俗，大龙娶到了心仪的"田螺姑娘"。多年之后，中央电视台《面对面》栏目记者柴静采访大龙的时候，问他："会有人觉得谈个恋爱可以，为什么要在中国娶个媳妇呢？"他答道，"我考虑的不是'是日本人还是中国人'，我考虑的是这个人。"

婚后，大龙和屠兴卫有了自己可爱的孩子，为这段跨国婚姻启开了新的篇章。

放松与担当

现在，大龙和屠兴卫的家安在甘旗卡镇上。每天早上，大龙骑着自行车先把儿子送到幼儿园，然后就到办公室上班，管理着当地17个种树点的事情，同时与日本总部保持沟通，安排好各支绿化队的活动日程。

"回想10多年前，我的工作就是体力劳动，那时候会想以后怎么样，是不是我一辈子就是戴手套、劳动出汗。但现在回头想想，那时候也是挺幸福的。现在的话，需要协调的各种事情有很多——哪个地方又有矛盾了，要涨工资了，要开会了。这些都不能通过自己的体力劳动来解决，需要考虑各个方面。当然，我解决不了的地方也有不少，必须要和总部沟通。在本地人交流，我不懂蒙语，还得找别人来帮忙，有点复杂。但我现在的工作内容也随着绿化网络的成长慢慢改变。"大龙说话总是一副慢条斯理的样子，一双大眼睛在镜片之后闪出真诚的光亮。

10多年过去，大龙从一个有点懵懵懂懂的刚毕业的大学生，到现在有一双儿女的成年男子，尽管做着同一件事情，内心也经历了很多变化，不变的是他身上散发出来的那种气息——对世事认真执着、做人简单诚恳，本真地活在自己的世界里。

自从接受了名记者的采访上了央视的节目后，这个在中国种树已十余年的日本人大龙，一下子在中国出了"名"，此后就经常有些大大小小的媒体络绎不绝地联系上门要求采访，因为像这样货真价实的题材如今实在太难找了。据说，远在日本的帅哥北浦还有点不甘，会开玩笑地说道："怎么大龙在中国这么出名呀！"但大龙并没有因此而改变什么，该做什么还是做什么，只是太多的媒体来访会耽误他们的正常工作，因为在大龙自己的流程里，要看沙漠、看林地、看村庄……都是费时间的事，而大龙却不会随便应付、糊弄。于是他的同事开始帮他选择合适的、负责任的媒体接受采访。每当采访的时候，他也习惯性地跑到镜头背后，一心一意地跟来访者讲种树的事情，希望能够让更多的人知道绿化网络做的事情。

大龙隆司把科学的环境保护方式教给了当地人

大龙隆司早上送完孩子去幼儿园后就开始了一天的工作

"大龙是一个心态放松的人，他会说——哪一天，这里不需要我们组织治理沙化的时候，那他会带上组织去阿拉伯，那里的沙漠更多。"与大龙和北浦做了好几年同事的蒙古族姑娘包新春是个看问题很细致的人。

"遇到什么事情的话，我和北浦是很着急的两个人。我自己可能是出于女性的心理，希望尽快能有一个妥善的解决方式以让自己安心。大龙倒也不是刻意耐心，他的性格使然，在我们有些毛躁的时候，他会静下心来，思考有没有办法能更简单地解决问题。在做事情的方式上，我的节拍可能更接近北浦。大龙就像一个缓冲器，会传递给我另一种想法——其实问题也没有我们想象得那么糟糕。"

在与这两个日本男人长期的共事中，包新春意识到这两个搭档是性格很不一样的人。北浦反应敏锐，而大龙的反应稍微慢一点点，这一张一弛，能很好地相互补充。"我们有时候也会讨论，在生活当中，是敏锐的人好呢，还是迟钝的人好？然后，我们得出这样的结论——在工作、战斗的状态下的时候，是聪明的人好；但是，在你想放松的时候，还是迟钝一点比较好。"

一晃，大龙在中国也种了15年树，他从男孩变成了父亲，用他自己的话就是——"以前是光棍，现在有了爱人、有了孩子，那就和原来不一样了。"他的心态也从过去的自由无所谓逐渐转化为现在的有担当。

"事实上，在日本，在一个单位待上30、40年是很普通的事情，我爷爷、爸爸都是这样的，绿化网络现在也就10多年。"对于外人惊讶于他能坚持这么多年种树，他倒反而觉得这是一件很普通的事情。也许这正是大龙的幸运所在，这个男子内心的恬静，并没有被他正在生活的这个国度所流行的浮躁而淹没。

不过，如今的大龙，已经不是当初听天由命的想法。"刚开始组建绿化网络的时候，觉得如果事情开展不下去了那也没办法，但后来随着很多人参与进去，我就觉得如果绿化网络没了，那会让很多人失望。所以，我就会想，怎么样才能干得好好的，如果我们组织大一些的话，不是说我能挣更多的钱，而是大了以后，影响力也会大一些。不过，不大也没事，如果是我一个人也没事。"

　　然而，现在大龙已经不是一个人了，他要同时考虑自己的"小家"和组织的"大家"，这就意味着责任。

　　"我们组织也不是我一个人说的算，都是大家一起商量的。他们也都说：'大龙，你孩子长大了该怎么办啊？回日本吗？'我就会想，如果我在日本工作的话，是不是一样干得了，干不了的地方是哪些呢？给谁做呢？"同样身为两个孩子的父亲的北浦，很能理解大龙的难处，一方面要看护绿化网络的成长，一方面不能耽误了家中小孩的教育。绿化网络的三个创始人经过10多年的共事，建立起了深厚的信任和友谊，无论在事业上，还是在生活上，彼此相互支持。"我们组织也比较小，比较自由，不像大企业，你需要按照规划的路线去走。我们大家一起商量，只要和绿化网络的事情不矛盾，找到解决的方法就可以了。"

　　等到有一天大龙离开中国回日本了，那就意味着他和他的组织找到了解决方法。到那时，绿化网络还会持之以恒地种树，而大龙或许也会时时回来。

第三节　从志愿者到实践者

第一次见到大龙的时候，包新春觉得眼前这个人话不多，很像一个害羞的高中生。那时候，包新春是以一个志愿者的身份来绿化网络帮忙。她和大龙见面的那一天，大龙需要在一个会议上演讲，他想让学过日语的包新春帮忙将他的讲演稿翻译成中文。

大概有些不善言辞、外加格外认真的缘故，大龙对他的每一次演讲稿都显得特别在意。大龙至今还保留着他第一次给一群学生做演讲的稿子，在这份稿件上，用铅笔整整齐齐地标注了很多中文字的拼音。"那些是我那时候还读不来的中文，我就让同事教我，预先在稿子上标好。"10多年来，大龙把每次的讲演稿、PPT、每一年每一块地的照片都会整理得井井有条。每当来访者来到一处松树林或杨树林的时候，大龙会从口袋里掏出这块地方过去的照片，当来者看到今夕对比时，无不发出惊奇声，"原来是这样的啊，过去真的都是沙漠啊，变化可真大！"

大龙和他的日本同事这种认真细致的态度，影响着他们身边的每一个人，包新春就是一个被绿化网络吸引过来的人，直至成为它的中坚力量。

做好事背后的质疑声

80年代出生的包新春长着一副典型的蒙古女孩的模样，稍高的颧骨，微微泛红的脸颊，她原本可以走另外一条完全不一样的路。在加入绿化网络之前，大学学生物的她在北京的一家公司做技术。因为做研发工作有一定的季节性，如果研发顺利、能够将工作提前做好的话，她就会有一段空闲的时间。每当空下来的时候，包新春就会四处走走，或是做一点自己感兴趣的事情。

正巧那一年，她在一个网站上看到了绿化网络招志愿者的消息，而且这个组织正好是在她的家乡，做的事情也是她觉得很有意思的事，另外还可以练练自己的日语水平，因为包新春在大学里学的一门外语是日语。在此之前，她只是觉得家乡的那些土地被沙化了，很可惜，但还从没想过治理沙漠也可以成为一项事业，她决定利用这段时间回自己的家乡尝试做一个志愿者。

绿化网络让包新春做的事情是去瓦房做农村调研，用蒙语与当地的农民来交流，挨家挨户地敲门询问——"你们对绿化网络做的事情有什么意见吗？""你们怎么看这几年的绿化效果？"。

那时候，绿化网络已经在瓦房附近种了五六年的树。然而，农民的激烈反应却让包新春错愕不及。"种树的时候，如果他们认为损害到了他们的利益，就会有反对声。"回想当时兴致高昂地去做实地调查，却被泼了一盆冷水，包新春至今觉得这对她心灵的触动很大，"因为在我的印象中，种树治沙是在做好事，那理应所有人都应该拥护，这是我最初的想法。但是，当真的听到反对声的时候，我还是有一点担心。当时很想知道在这背后，为什么会有人反对。"

等到包新春再做深入调查了以后，她就明白了——再好的事情，也会有影响到别人利益的时候。"比如有些人想多养些牛；有些人想多种点地；有些人可能不想在这个村子长期生活了，可能再过一阵，他就想到城里和他在那里工作的孩子住在一起，这个地方已经不再是他想用心经营的地方了，他就不太会考虑环保的事情。另一个方面，是因为眼前的利益。比如说，当地的一个农户，他的孩子在读书、急需学费，或者当一个老人急需要用钱，但我们种树的成效，还无法快速地满足他们的短期利益，那他们就会反对。其实，他们也知道这个事情是好的，但他们要生存。"

因此，要把种树这件事情推进下去，需要取得当地人的理解和支持，也就需要了

包新春（左）和同事是绿化网络里为数不多的女性

大龙隆司注满中文发音的演讲稿（左上）
绿化网络用来剪枝的剪刀是从日本买来的（左下）

解他们的需求和各自看重的利益，在条件许可的范围内，尽可能地照顾到每个人的利益。这也是绿化网络觉得在种树之外非常重要的一项工作。现在，绿化网络除了在"不会跟牛羊抢草的地方"种树之外，主要的努力方向，就是在绿化的地方适当地增加一些经济作物，这样就能在绿化的过程中，同时也能让当地人得到经济上的收益。如今，当地人可以通过出售松树上长成的松子、树林中生长的蘑菇来获得一些收入。

"这是科尔沁的春天，沙子上刚刚长出来的黄柳条。它是柳树的一种，比红柳个体高、粗，长得比红柳庞大，喜欢沙化的地方生长。根系非常发达，除非沙漠能淹没顶尖，生命力非常强盛。目前已经有人工种植黄柳条，并用在造纸领域。科尔沁沙化地区目前还没有这样的造纸企业。"在包新春负责的绿化网络的微博上，她发出了这样的消息，希望能有更多的人帮忙找到推进当地经济发展的机会。

在科尔沁埋头种了12年树，绿化网络和当地的村庄建立起了信任感。"不过，人的反对是跟人的利益相关的，现在，怀疑的声音可能小了，但是反对声会依然有。如果还会影响到人们的利益，他们还会反对。"当初包新春做的农户调查是绿化网络最早做的一次比较系统的调查，在这之后，绿化网络将农户调查作为了工作环节的一部分，每一年都会做调查，用来判断这个地方是继续按照之前的方式去绿化，还是需要解决一些其他的问题。

成为一分子

三个月的志愿者经历转眼间就过去了，包新春又回到了以前的工作环境。"走的时候，我很舍不得，我觉得他们让我看到的是另一种生活的方式、处事的方式，这和我以前工作的环境不一样。不是说我以前所在的单位不好，而是单位的性质决定了它的运作方式。但这里不一样，通过用一个和善的态度，或者更服务于别人的态度来工作，这可能是我在内心中寻找的一个环境。当时没有意识得那么清楚，就是觉得很舍不得，表达了这样的心情以后就走了。"

　　若不是几个月之后大龙发来的一封邮件，也许包新春对绿化网络的那份不舍之情，就永远地留在她的心底。大龙写的邮件很简单——"我们想招一名中国籍的员工，你有没有兴趣？"但却让包新春想了一个多月。毕竟，想去做和真的去做，是个很大的跨越，很多人很多时候只是想想而已，很难下决心放弃已有的路径，去走一条未知的路。最后，包新春听从了她自己内心的声音，给大龙回复了电话。

　　回到自己的家乡，做自己想要做的事情，对包新春来说，生活再次出发。她的加入，也为绿化网络带来了生气，与之前加入的中国员工有些不同，包新春受到过良好的教育、见过大城市的世面、在公司里做过研发工作，因此养成了独立思考、善于解决问题的工作习惯，加上她快人快语的个性，很快就在团队里凸显出来，成为日本同事们的得力干将。

　　"现在，组织慢慢变大了，需要有培训的计划，不能像过去那样随便长大，这样就会降低效率，所以我们开始为未来做准备。这些方面，北浦会想得多一些。"在大龙看来，在当地员工里面慢慢培养合适的人才，也是未雨绸缪。

　　包新春将自己全身心地投入进这份新工作中去，一边学习这个全新领域的东西，一边思考自己所选择的这条路。"在绿化网络工作的这些年，让我用不同的眼光去看世界。以前，我觉得我的眼界很窄，只能看到一个方面，但是现在，我会用另外一个角度去看到这个世界，体会不同。在以前的工作中，我通过努力去提高产品的质量、或是研发新的产品这种方式来生存。但是这里不一样，我以一种服务于自然，服务于人的爱的表达方式，去介入工作、去生活。"

　　不过，包新春在工作、学习的同时，也发现了文化冲突。绿化网络，作为一个从日本走出来的绿化组织，它的文化、思维方式无不体现着日式风格。"在日本，参与环保的事情，很多时候都是公司行为或团体行为，如果是个人行为的话，人们也会想办法变成一个团体行为。但是，这种方式在中国有点水土不服，中国参与公益的方式，比较多的是个人行为。一家企业的老总可能自己会参与公益慈善，但他不一定让他的员工参与。而我们接待的方式是团队的方式，我们目前还没有能力满足个体的绿化行为。"待的时间长了，包新春发现自己组织在一些地方的"无能为力"，就显得有些着急，"这个时候，我就会去想，如何去迎合国内的想要表达环保意愿的人，但目前，我们还没有一个行之有效的方法。"

2011年日本发生大地震的时候，一些日本企业随之受到影响，这也多少触动了绿化网络的神经——"如果有一天，这些和我们合作的日本企业，无法与我们合作了，我们是不是就不能做这件事情了？我们从去年开始思考这个问题，必须要面对日本以外的有可能和我们一起往前走的人。"正如包新春所言，绿化网络的客户资源非常单一，大多都是来自日本的企业。

绿化网络目前通过三种方式获得运作资金：第一种是会员会费，绿化网络会提供他们想持续关注的环境、气候等相关的信息，会员费一般用于会报、网站运营和一小部分行政费用。第二种是企业和团体的捐助，比如：工会、学校、企业等，因为绿化活动所涉及的树苗维护需要较多的资金投入，例如苗木费、挖井、筑围栏、护林人工等。第三种是个人捐赠，此类捐助所占比例很小，主要用于绿化。对此捐赠形式，绿化网络一般不太鼓励。因为一次性的行为可能对一个人在公益心态的成熟影响力不大，从环境保护的角度看，一个持续的力量，甚至把保护环境当做一种生活习惯和责任来坚持，会更加可取和有效。

包新春和她的日本同事们，都意识到了——未来如果要增加自己组织的抗风险能力，则需要改变单一的客户资源，那就意味着要去寻找日本以外的合作客户。2011年，一家德国的机构与绿化网络接触之后，想帮忙为绿化网络在欧洲做宣传，包新春觉得这是个不错的机会。可是大龙却以一向谨慎稳妥的处事风格，仔细想了以后，说道："这个事情可能也会带来短期的效果。但是，对于我们机构整体来说，这个行为有点莽撞。我们必须一点一点来做，就是即使在没有欧洲机构的帮忙下，我们也能够让欧洲的企业、民众认同我们做的事情，达到这个效果是我们想要的目的。"最终，绿化网络婉拒了那家机构的好意。

诸如此类的事情，当包新春与她的日本同事看法不一致的时候，最初常常会起冲突，"最开始的时候，我会非常生气，就是不发脾气，也会以一种极端的方式来表达，就是我不说话，一直戴着个耳机，一天就消化了，第二天就没事了。那个时候，我把自己仅仅看作是一个工作者，当时会这么想——这个事情过去了就过去了，决定由来他们来做，结果由他们承担。"

　　后来，当包新春完全融入到这个组织的时候，她的看法改变了。"我会觉得自己也是绿化网络的一分子，它的未来也有属于我的一个力量。当我这么去考虑的时候，我认为对的时候，我就一定会坚持，如果是我错了，我也很愿意承担。"在与日本同事越来越深入相处的同时，包新春也在逐渐成长。在她坚持自己"对"的想法的时候，不再使用过去对抗的方式，而是想想是否还有其他更好的说服别人的方法。

　　"首先要了解他反对你的原因在哪里，那个反对声合不合理。然后会考虑——你为什么没有说服他？是不是我说的方式不对？第三，是不是我的方案本身就有问题？如果这样考虑的话，一件事就会有很多种方案。这么做可以吗？那么做可以吗？但是都是为了达到之前的那个目的。如果其中一个方案符合我们想要的目的，那么大家坐下来讨论，修正以后，就会最终得到几个方面都能达到满足的方式。"

　　当微博在中国愈发红火的时候，负责组织宣传和对外联系的包新春就有点跃跃欲试，想要开通绿化网络的微博，就想马上去申请一个帐号。这时候，与她进行日常工作沟通的北浦反问道，"这是组织的一种宣传方式，你为什么会想到微博呢？除了微博之外，还有别的途径吗？你把所有可能的途径都列出来，我们再从中筛选。"于是，包新春和北浦两个人对所有的宣传工具进行了列表分析，最终决定使用微博推广。

　　事实上，当包新春开始更加理性地思考绿化网络所面临的问题的时候，她发现，"更多的时候，比起大龙、北浦，我所看到的方方面面没他们多。我的想法是局限的，就是一股想要往前冲的想法，但他们更多考虑的是宽的方面。所以，他们常常能帮助我补充想法。"

现实背后的压力

"北浦、大龙他们所选择的人生，对你会有什么影响吗？"当包新春直面这个问题的时候，她似乎有些触动，想了一下，慢慢地说道，"如果好几年前你问我的话，我会说——他们鼓励了我。但是，现在的话，他们是一种压力。我有时候一个人也会想，万一有一天亲朋好友急需经济上的资助，但自己帮不上忙，怎么办？我会感到一种压力。我会想，为什么这个行业在中国让人处在一个很无奈的位置。但是，放在从前的话，在我没有去考虑更深生活层面的时候，他们鼓励了我。"

包新春的回答，真实而沉重，严酷的现实扑面而来。根据2010年的《中国公益人才发展现状及需求调研报告》显示，近8成的公益人才最终因为生活压力而不得不重新选择职业生涯。

在为绿化网络工作的这段时间里，包新春在享受工作带来的成就感的同时，也不得不面对生活的另外一面。当她妈妈生病需要钱的时候，她发现自己如此无助，自己的薪水在这个需要她承担起责任的时候更显得微不足道。为之，包新春曾经短暂离开过绿化网络一段时间。

"我没有伟大到去为了一个公益事业去牺牲自我，我没有那样子的伟大的想法。我希望是这个事情最好是能够跟我的生活结合，不要产生相互的牺牲。如果有一天产生矛盾的话，那会很容易放弃公益，我会为我的生活往前走。现在，我的想法是通过我的努力去改变这种现状。"

事实上，进入绿化网络工作一年之后，包新春才开始考虑待遇和前途这方面的事情。因为在这之前她对公益领域的了解差不多为零，所以真正走进去工作以后，就面临了金钱和待遇的事情。"这和我原来的工作完全不同，我以前做技术，如果做好的话，我可能做一个技术主管、技术总监，然后接着房子、车子这样去考虑，但是，来这里以后，就不能这么去考虑了，就会开始疑惑当时的选择。"

不过，虽然面对生活的挑战，包新春还是觉得自己是幸运的，在工作期间，她认识了一些在国外工作的公益领域的同行，通过与他们的交流，包新春还是看到了未来的另外一种可能。"他们告诉我国外公益组织是一份事业，是完全能养活你的一份事业，跟中国完全不同。他们会让我看到中国这个领域的展望，不是说在这个领域，你是一个完全的付出者，不是说你在这个领域做就决定了你会赚得少、生活很艰辛。当看得到未来的时候，我就不会这么质疑，就会鼓励自己往前走。"

一方面，包新春觉得同行的话鼓励着自己前行，而另一方面，她又觉得中国在公益领域的快速发展正在走向一个难以预测的未来，这又让她觉得缺少安全感，有时候难免会有些焦虑。"国家的政策在持续地调整，这对于绿化网络来说，可能是很好的机会，也可能很危险。"

这个处女座的姑娘是个典型的完美主义者，因此，她对自己现在的看法是，"不太完美，有点懦弱，我就是这么想的。我觉得人生是个勇敢者的游戏，我欠缺其中的很多筹码。我始终认为，换作别人的话，会把这个事情做得更好。因为是我在做，所以放慢了这个事情的速度。我一直会这么想，但是，也一直没有突破。"

第四节　成长中的那些事

在问到如何看待种树这件事时，斋藤从办公桌上拿起一个沙漏，并且在一张白纸上写下了工工整整的"人进沙退"四个汉字。

"斋藤会想办法塑造我，把我内心中最符合的特征挖掘出来。"和其他的中国同事一样，包新春平时接触大龙和北浦的机会比较多，和斋藤一起工作的时间要少一些，而对于外人来说，不常露脸的斋藤近乎神秘。

然而，在包新春心目中，斋藤在绿化网络这个组织中扮演着灵魂人物的角色，"如果你接触他的话，你会发现他的性格很接近绿化网络这个组织的形象。"

言传身教

说起斋藤，有一件事情给包新春留下了深刻的印象。有一次，绿化网络的一个员工在开车去工作现场，不小心碰到了别人的车，需要涉及到赔偿。这个年轻的员工开车时间并不长，一着急踩错了油门，而这已经是他第三次发生这样的事了，因为是全责，所以保险公司也不能覆盖所有的赔偿。在这之前，绿化网络也就此做过规定——如果员工出现了几次错误之后，后果完全由自己承担。

偏偏同一个员工再次出现了这种情况，这对绿化网络的每个人来说，都觉得是一件很难处理的事情。从组织规定的角度而言，这个员工应该为自己的行为承担责任；但从人情上而言，大家心里都有些不好受，因为大家知道这笔费用对于这位薪水不高的员工来说，将是一笔不小的负担。绿化组织的负责人们为之开了一个会。

255

听到宣布的处理结果，办公室里的每个人都觉得很惊讶。日后，包新春回想起来，还是很感叹，"没想到斋藤会做出这样的决定，他认为，虽然惩罚这个想法是对的，但是让这个员工来承担这个结果，以他的年龄和阅历来说，有些难以承受。因此，他的建议是，让这个员工象征性地拿出一些钱，比如200块钱，200块钱以外的费用由组织来承担，如果这个员工到明年的这个时候没有犯同样的过失，就把这200块钱还给他。"

于是，绿化网络按照斋藤的想法去做了，后来，那个员工再也没有出过同样的差错。

"我从来没有见过大龙发过火，一次也没有，总是笑呵呵的，我们要是犯了什么错误，他也是笑呵呵的，尽量解释给大家听，不像在别的单位，就直接训了。"在2006年加入绿化网络的斯日古楞眼里，大龙就像一个亲切的大哥。

别看斯日古楞现在说着熟练的汉语，时不时还能用简单的日语和日本志愿者对话，你很难想象几年前刚进绿化网络的时候，斯日古楞是一个几乎不说汉语，连字也不会写的蒙古族小伙子。正是在大龙他们不断的鼓励下，斯日古楞成了绿化网络中成长最快的员工，就连大龙也被他那股认真劲儿所感动。被大龙评价为"这几乎是奇迹"的斯日古楞，能从绿化网络最初很小的绿化地开始到目前十几个绿化地，在不用GPS的前提下熟练说出来每一个板块的树种、绿化年限、围栏面积、维护情况，精确度能和计算机媲美。斯日古楞的成长道路就像绿化网络的故事一样，认认真真、踏踏实实。

无论是斋藤，还是北浦、大龙，长年累月坚守自己的价值观，他们的言行潜移默化地影响着身边的人。

"我们去招聘新员工的时候，会去看看在他身上有没有能够成为我们同行的特质，比如，他是否有足够的耐心、足够的善良、足够让我们信任的一面。经过几个月的工作，让他明白我们机构做事情的方式，慢慢的，让他习惯这样的思维方式，

绿化网络的本地员工在巡视树木

绿化网络的护林员韩雨拿着他年轻时的家乡的照片

最后成为我们接纳的同事。"包新春这样描述绿化网络想要找的新人，"不过，这样的人不好找。"

虽然，大龙有时候会碰到一些同事在工作的时候有些马马虎虎，比如接待日本绿化队的时候，不够准时，管理得也不够细致，但是，大龙会耐心地跟自己的同事解释，"这些客人来一次很不容易，我们要做好准备工作。假如碰上下雨的话，那我们需要安排好另外的行程，比如做一个工作坊，要让客人们满意。只有他们满意了，才会召唤来更多的人，我们组织也能有更多的人来搞绿化。这样，我们的工资才会出来。"大龙认为，不是因为自己管着下属，员工们才去做，而是他们心里觉得应该要把事情做好。只有员工心里有了感觉，事情才会真正发生改变，所以，即使员工犯下一些错误，也不用当面批评。

"该严的地方该严厉，但不是百分百的，如果你只是把他们看作是自己的兵，那他们也不会跟你讲真心话。我们需要的是让当地人、员工去为他们自己的土地而做事情。如果无法为他们提供做事情的机会，那是管理者的错。"如今，大龙和他的中国同事们一起开会的时候，大家都不再像一开始那样不敢说话或只是说好消息，而是说出自己工作中的实际情况，特别是碰到的挫折，大家会一起来讨论背后的原因、寻找解决的方法。

日本行

韩雨珍藏着一本相册，如果家里来了客人，他会很高兴地翻开这本相册，向外人讲述他在2010年那一趟难忘的日本之行。

照片上的韩雨，穿着西装，打着领带，精神奕奕，和他平常做护林员时的穿着大不相同。"日本给我的印象，就是特别干净，连个烟囱也没看到。"韩雨和另外一位老护林员、绿化网络的两位年轻员工张爱伟和斯日古楞，以及大龙，一行5个人从中国出发，去了东京、大阪，坐了新干线，看了富士山，也去拜访了那些曾经来内蒙种过树的公司,见到了当年一起种树的朋友。"大家都很热情,一起吃啊喝啊。"那些曾经来种树的日本志愿者见到韩雨他们,感觉格外亲切,下了班就请中国朋友一起喝酒聊天。

"不是每年都有这样的机会,当地人觉得他们出国旅游了,但我们自己并不是这么看,我们想让他们看看来种树的普通日本人的生活,促进双向的交流互动,而并不总是一个方向的。"大龙说道。事实上,2010年正值绿化网络成立10周年,为了纪念这个重要时刻,绿化网络邀请了中国本土的员工和当地的护林员来日本参观交流。之所以请中国人来日本,除了向日本的赞助商表示感谢外,另一个目的也是希望借此机会,消除当地人对于日本人到中国种树的种种误解——日本人并不是因为富裕,钱多了才来沙漠种树的。

"日本人工作节奏真快,吃饭也站着吃,也不能像我们这样中午还可以喝喝酒、唠唠嗑。"当韩雨和其他的中方代表看到日本的高物价、上班高峰时间拥挤的电车,以及打工族的午饭必须在5分钟内吃完等辛苦的工作现状,大为触动,进而也对日本人到中国种树的行为产生由衷的感谢。回国之后,中方代表对这次日本之行写了一个总结,与自己的同事一起交流。

"我不太清楚大龙他们的想法,特别是斋藤,那么大岁数来这里种树,人家老俩口那么好。"从日本回来以后,韩雨尤为感叹自己身边的这些日本朋友的无私精神。

为了省下住宾馆的钱,这次日本行的中国代表在斋藤、北浦、大龙家分别住了2晚。"越省钱越好,因为我们不是一个企业,我们花的钱,有可能是一个小学生不吃雪糕省下来的钱,这样的钱不能浪费,必须要讲效率。"大龙常常对他的同事们提起,绿化网络的"钱包"不可以乱花。

涨工资

"我自己在参加NPO的时候,差不多就知道我这辈子是不会赚大钱的,但是如果无法维持生活,特别是结婚和有了孩子以后,那就是不负责任。所以,我也应该

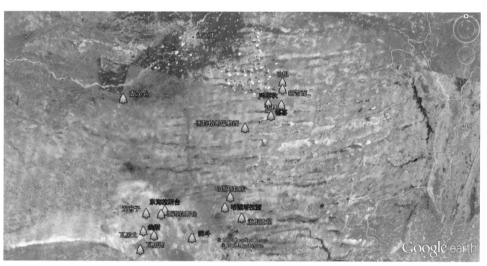

绿化网络在内蒙植树地的谷歌地图

为其他的员工考虑，他们也陆续结婚、搬家到镇上、买了房子，生活都在不断发生变化。"已经完全融入中国社会的大龙，对自己身边的员工所面对的生活压力，很能体谅。

张爱伟是加入绿化网络时间最长的中国员工，2001年开始在瓦房跟着大龙一起种树的时候，他每月的工资是500元，当时这个工资在农村还算不错，所做的工作也不是太有压力。但是，在一个新兴的发展中国家，随着经济的快速增长，物价也随之攀升，因此，在这里要维持一定的生活水平，大伙的工资总不能一直保持不动。

有一回，张爱伟和几个同事，下了班后找上大龙，一起喝酒聊天。"喝了些酒，就有些胆量，和大龙提提工资的事情。"张爱伟跟着大龙有一段时间了，也不大爱说话，言行举止在一些地方很像大龙。"这个时候，他们就叫我部长，平常就叫大龙，他们说——部长，工资还得涨啊。"大龙笑言，除了担当绿化网络在甘旗卡办公室的所长这个职位以外，他差不多还是一名中方的工会代表，每次回总部商量来年预算的时候，他会把中国方面的员工的工资要求提出来。

不过，对于身处在较为稳定的物价环境中的日本同事来说，似乎有些难以理解为什么中国员工的工资需要一涨再涨，管钱的北浦询问道，"我们都没有涨工资啊，但你们每年都在涨，这样不公平，我也要养两个孩子，我们都知道绿化网络的钱包有多少。"有时候，北浦甚至会觉得是不是在中国生活得太久，大龙已经完全被"融化"掉了，以至于两个日本人之间都会产生"文化冲突"。

为了让日本总部能够理解中国的现状，大龙会准备好一些资料，比如中国物价在最近几年的比较、这些年中国的工资标准。然后，再和日本的同事一起来商量如何平衡各个方面的支出。"正因为大家都知道我们有多少钱，所以也不能随便涨，只能在一定的范围内满足大家的要求。"

第九章

种树，改变了谁？

春雨霏霏芳草径，飞蓬正茂盛。

——松尾芭蕉，《春雨》

"在上一次种树活动中，我重新感受到了这一活动的新意义，日本企业正在面临越来越严峻的环境问题，日本整体经济增长低迷，处于雇佣不稳定、社会保障不安定的状况中，要打破这个局面不是凭某一个人的行动就可以做到的。政治经济的转变固然非常重要，但是我们自身的改变也同样重要。我们工会想让尽可能多的人注意到身边触手可及的感动，希望能在活动中创造出更多的笑容，互相温润彼此的心，让大家拥有一个憧憬梦想的空间。

"我最近读了一篇报道，让自己对志愿者的看法有了很大的变化。志愿者被认为是'主动地为别人无偿作贡献'，但是事实好像并非如此。'对某人有用'这种说法好像是站在高处俯视别人的一种高姿态，但实际上通过活动我觉得自己也有'被治愈、被帮助到'。因此，当初我是抱着'在我心中种下一棵友好之树'的目的参加了活动，而再次参加的时候也并不是为了别人，而是为了自己。每每想起与同行的前辈在活动中留下的回忆，我总会一次一次被感动到，这种感觉的叠加，进而成为快乐生活下去的精神动力。"

坐在东京的办公室里，回想起在内蒙种树的点点滴滴，富士胶片日本工会中央执行委员长浅房胜也生出无限感慨。

因为去种树，波澜不惊的生活发生了种种不同：时空的变化——一边是繁华的都市，一边是荒凉的沙漠；活动的不同——一边是日常的办公室工作，一边是挥汗如雨的劳作；遇到的人也各式各样——一边是日日相见的同事，一边是来自不同地方的志愿者、令人心生敬意的"绿化网络"的人，以及当地那些努力生活的人们。

也许，正是因为在种树活动中体验到了并不寻常的经历，他才更加觉得这种经历对于自己的人生来说弥足珍贵。15年来，一批又一批志愿者种树归来，总是会像浅房那样，觉得自己收获甚多。虽然只是短短的几天，但那几天却是那样充实而厚重。

每每回想起那段种树的经历，就好像在自己的人生岁月里，无意中捡到了一颗小小的鹅卵石——一面是黄色的，一面是绿色的。这颗小石头，或许对于其他人说，并没有什么特别的意义，但对自己，却是 种纪念和提醒 还有另外 种人生的可能；如果认真地坚持去做一件事情，事情终将会发生改变；地球是一个需要所有人去守护的家园，无论你身在何处。

相比普通的旅行，这趟种树之旅完全是另外一种"体验方式"，能算得上"大开眼界"的观光部分，或许只是初见沙漠的那一瞬。令人难忘的，是一群本来并不熟悉的人，在一起，尽自己最大的力量"修补地球"。怀着美好的愿望，在艰苦的环境里，出力出汗，相互鼓舞。在这过程中产生的强大的感染力，久久地挥之不去。

于是，带着这份留在心底的感触，种树归来的人继续自己的生活。只不过，有一些细微的变化在悄悄地发生。

正是这种在劳作现场所产生的强大的感染力，以及年复一年的坚持让当地的环境发生了改变，使得这趟旅行的组织者们获得了持续下去的动力。无论是富士胶片日本工会，还是富士胶片（中国）公司，都深深地意识到参与到这样的种树活动是一件值得投入的事情，并需要不断地改善，像看护沙漠里的小树一样，呵护好种树这个项目。期间，经历了各种"不测风云"，但决心在那里，就看自己如何去找寻智慧、去唤起更多的人。

而对于"绿化网络"来说，得到越来越多像富士胶片那样的公司的认可和参与，是十分重要的事。公司和志愿者的参与，是"绿化网络"项目中不可或缺的环节。用大龙的话来说，"来种树的公司和志愿者，是我们的客户，一定意义上也是我们NPO运作资金的来源，只有服务好了他们的'爱心'，我们的事业才能持续下去。"

留下绿色的纪念

与此同时，大龙和他的团队，守护着自己和同伴当初成立"绿化网络"的初心——把黄色的沙漠还原成绿色的土地。他们很清楚，仅仅靠自己的力量是不够的，但是，却可以通过自己的力量搭建起一个平台，让不同国界的人一起来到这里，做同一件事情——种树。然后，让这些种树的人回去之后，把他们的感受告诉更多的人，让更多的人了解保护环境的意义。

走在一片片郁郁葱葱的树林中，大龙清楚地报出这些树木的年龄，他的年龄也在随着这些树木的长大而增加。他抬起头来，微笑地看着在风中飘荡的树枝。如果有可能，他希望能够在这树林里一直漫步下去。不过，他马上又自嘲地笑了一下，"如果这里没有沙漠了，我们就应该换一个地方了。"

绿色，希望……

后记

一年半之前，到富士胶片（中国）投资有限公司采访，聊到了一项在内蒙古的沙漠地带已持续进行15年的绿化项目。15年对于一项CSR活动来说，是一个值得纪念的悠长年份，是不是应该做个阶段性的总结亦或是解读？我们与富士胶片（中国）一拍即合。虽然与富士胶片已相识多年，长期以来，我们一直在跟踪这家500强公司在全球和中国的发展状况。作为一个长期关注CSR环保领域进展的文字创作团队，想到能深入全面地去探寻和剖析这个全球化企业在中国持续开展15年沙漠绿化活动背后的驱动因素，我们倍感兴奋。

在历时近一年半的成书过程中，我们得到了富士胶片（中国）投资有限公司公共关系室史咏华、詹军荣、刘圣音、潘超四位女士的大力协助。尤其是詹军荣女士，在前期的头脑风暴，中期的联络、协调，后期的撰稿、修改过程中都付出了很多的心血，并给到了很多非常专业的建议。感谢她们的全程支持！

为了让采访内容更加深入，在东京的朱惠雯小姐也加入了我们的采访团队，帮助我们完成了在日本的第二次采访，谢谢惠雯！

为了让一本记录CSR项目的书在视觉上更加"直观"，我们的团队特意邀请了优秀的摄影师姚松鑫跟随采访团队做全程的影像记录。同时，也有幸邀请到出色的艺术家戴牟雨为种树项目创作插画。感谢两位的友情支持！

另外，本书中引用了王子彦老师的考察日记《沙漠之旅》，在此表示感谢。因无法联系到作者，请作者看到此书后，与同济大学出版社联系。

内蒙

在决定是不是要去内蒙采访的时候，还是稍稍有些顾虑，当时我8个月大的小儿子墨墨还在哺乳中，但还是经不住沙漠与树林的诱惑、以及想与大龙进行对话的渴望，最终带着墨墨以及两位"奶爸"——我的先生和那段时间刚好来看望他的大学好友，一起奔赴科尔沁沙漠，开始了至今令我难忘的内蒙之旅。

当看到沙漠的那一瞬，我真切地体会到当初说服我去沙漠采访的富士胶片的史咏华的一片心意，她说："你只有看到了那片大漠，你才能感受到整件事情的意义，你才能写出感觉来。"

风很大，沙很细，走在上面，脚就深深地陷了下去，爬沙丘就更加不容易，花了很大的力气，四肢并用才总算爬了上去。五月的太阳，已经很晒，可以想象志愿者来种树的7、8月份，阳光是何等毒烈。站在沙丘上的我，听着大龙迎风说话，他指着前面的那一排树林，描绘出当年的光景——10多年前，就在这里划了根界线，从那根线过去，他们开始了在此地种树的生涯。

即使到今天，我还是为当时的所见所闻所触动——蓝天之下，整个世界，仿佛被划分成两种颜色，一半是黄色，一半是绿色。不管是直接的视觉冲击，还是它所蕴含的寓意，都让人叹为观止。那一刻，我对身边的这位总是面带微笑的种树人，充满了由衷的敬意。如果，我们每个人都能对自己所处的环境承担起一点责任，我们能像他一样，无论面对怎样的困境，都能坚持下去，那么，这个世界，还是会让人感到温暖而乐观。

我想，也许正是这样极端的环境、温暖而坚韧的人格力量、亲身的劳作体验以及看得见的改变，让种树这件事的所有参与方，都有了坚持下去的动力。虽然听上去只是种树而已，但就是这样一个项目，它既能带来当地环境的改变、也能让参与的公司与志愿者重新思考自己与环境、社会的关系，同时还让一个新生的NPO逐渐变得成熟。

当看着大龙骑着自行车送孩子上幼儿园的时候，我忍不住也回头看了看坐在婴儿车里的墨墨，心中不由感叹。其实，去除一切的意义，一个很基本的问题是——我们，到底想给我们的孩子留下什么？我们的所作所为，想要告诉他们什么？

我依旧记得在沙丘上远远望见墨墨婴儿车的景象，那一刻，不禁自问：假如未来，我们的孩子就生活在这样的环境里，那是怎样一个世界？

孙海燕

日本

对于日本富士胶片相关人物的采访之行，应该说是从遇见金子茂的那一刻正式开始的。

春天的东京因为一场雨的邂逅还略显丝丝凉意,看到在地铁出口等待着的金子先生的第一眼,我们不禁就感到了令人放心的亲切感。无论是冒雨跑到马路对面的便利店买来了500日元的雨衣,还是随后有效而紧凑的采访安排,甚至临行前给每位中国朋友都准备的伴手礼,无一不体现着金子先生作为"后勤部长"的敬业精神。记得那一晚,深夜11点赶赴箱根的小火车上,看到金子先生与车厢内众多白领一样疲惫却放松的回家表情时,我第一次对日本打工族辛苦的奔波劳碌有了切身的体会。

　　同样要感谢的还有高桥女士,爽快而富有领导力、有梦想也勇于行动,可以说没有她的坚持不懈地推陈出新,就没有种树项目的今天。在高桥女士的身上,我们看到了对种树项目最可贵的投入与热爱。

　　紧张而有序、辛苦仍坚守、节省却礼貌,只有当我们了解了普普通通的日本人最写实的一面,才能知道他们愿意牺牲有限的假期,拿出积攒不易的积蓄,从点滴做起,到中国北方的沙漠种树,年复一年,是多少可贵的慷慨。由此反观国人一掷千金的消费,用"钱"来度量"公益"的大小,又显得多么的狭隘和肤浅。

　　日本之行,犹如一面镜子,体现在纸面上的,多是用语言和逻辑思考的表达,而更多言语之外的感知和体悟,却留待心中,值得我珍藏一生。

姚音

上海

　　看到富士胶片(中国)为我们联络安排的密密麻麻的中方志愿者采访安排表,细细数了数,两天之内,我将要见到16位采访对象,这或许是我最有效率也最忙碌的一次采访经历了。

　　窗外是被钢筋水泥丛林包围着的陆家嘴,眼前的志愿者们一个接一个地讲述着远在千里之外的内蒙古,采访间,他们对内蒙古的牵挂、忧虑接踵而来。

　　提及种树,每个人的回忆都是那样的鲜活,扑面而来,即使是在连轴转的工作状态之下,我也没有感到倦怠,而是跟随着他们的言语、表情、手势动作走进那一片黄绿之间，努力揣摩着彼时这些志愿者们的感受，不经意间，我也开始遥想如今这个一半是沙漠、一半是树林的地方；也循着志愿者的思绪，想象着大龙、北浦和斋藤是如何带领着一支跨越国籍的志愿者队伍劳作于中国的沙漠之中。

我相信，每个参与其中的志愿者多少都带着一份对沙漠的好奇踏上了这段种树之旅。在好奇之后，带回来的是一份珍惜、感恩、还有一份责任。

这些志愿者带着各自的身份和角色穿梭于忙碌的都市生活中，他们有着各自的工作岗位，也是年幼孩子的父母、父母疼爱的儿女；在辽阔的沙漠天地间，他们都是修复地球的一员。而这一次，他们再度从成都、天津、苏州、安徽、广州集合于一方，和昔日的种树伙伴再度聚首，聊着各自的近况，最后坐在我的面前，回忆起在沙漠里流过的汗水。

从城市到沙漠，再把各自的沙漠故事带回到都市，这更像是一次内心的旅程，也是种树力量的延伸。如同接力传水时，那一排长长的队伍，一桶水经过他、你、再到我传递给下一位伙伴，直至浇灌到每一株树苗。当我面对着这些志愿者，我似乎能看到那一桶水从远方传递到我眼前，经过我，传向更远的地方……

陈艳

因为希望对内容进行更深的挖掘，在第一次采访的基础上，我们再次与富士胶片（中国）的徐瑞馥女士进行了深入的对话。第二次采访的时候感觉和第一次很不一样，看上去端庄成熟的女高管原来骨子里有着一股喜欢挑战新生活、喜欢冒险的精神。如果不是对这个项目的深入追踪，在采访过程中把话匣子打开，还很难发现这一点。我想也许正是因为这样，徐副总所领导的富士胶片（中国）团队才愿意尝试新项目吧，徐副总自己也愿意几次亲自带队到沙漠去挥汗如雨，她并不是作秀，而是本身就很喜欢做这件事情。

如何在中国执行一个CSR项目本来就是一件全新的事情，几乎没有经验可循，富士胶片（中国）团队勇于去尝试各种方法，也愿意总结和沟通，修正方向，而最终找到了公益的本质：单纯为了公益而公益。这是他们自己尝试后的心得，也给别人留下了宝贵的借鉴经验。

孙杨

图书在版编目（ＣＩＰ）数据

　种树，改变了谁？ / 孙海燕等著. —— 上海：同济大学
出版社，2013.10

　ISBN 978-7-5608-5316-1

　Ⅰ．①种… Ⅱ．①孙… Ⅲ．①绿化－社会团体－社会
工作－概况－通辽市 Ⅳ．①S732.263

　中国版本图书馆CIP数据核字(2013)第236509号

种树，改变了谁？

孙海燕　姚音　孙杨　陈艳　著

出 品 人　支文军
策　　划　睿思工作室
责任编辑　张　翠
责任校对　徐春莲
装帧设计　蔡　惟
出版发行　同济大学出版社　www.tongjipress.com.cn
（地址：上海市四平路1239号　邮编 200092　电话 021－65985622）
经　　销　全国新华书店
印　　刷　上海昌鑫龙印务有限公司
开　　本　710mm×980mm　1/16
印　　张　18
印　　数　1－5 000
字　　数　360 000
版　　次　2013年12月第1版　2013年12月第1次印刷
书　　号　ISBN 978-7-5608-5316-1
定　　价　68.00元